加分

THE
MOST POWERFUL
WOMAN
IN THE ROOM
IS
YOU

[美]莉迪娅·芬内特
(Lydia Fenet)
/著

谢瑞虹/译

脱颖而出的
13个行为习惯

中信出版集团|北京

图书在版编目（CIP）数据

加分：脱颖而出的13个行为习惯 /（美）莉迪娅·芬内特著；谢瑞虹译 . -- 北京：中信出版社，2020.9

书名原文：The Most Powerful Woman in the Room Is You: Command an Audience and Sell Your Way to Success

ISBN 978-7-5217-2066-2

Ⅰ. ①加… Ⅱ. ①莉… ②谢… Ⅲ. ①成功心理–通俗读物 Ⅳ. ① B848.4-49

中国版本图书馆 CIP 数据核字（2020）第145575号

加分——脱颖而出的13个行为习惯

著　　者：[美]莉迪娅·芬内特
译　　者：谢瑞虹
出版发行：中信出版集团股份有限公司
（北京市朝阳区惠新东街甲4号富盛大厦2座　邮编　100029）
承 印 者：中国电影出版社印刷厂

开　　本：880mm × 1230mm　1/32　　印　　张：11.5　　字　　数：243千字
版　　次：2020年9月第1版　　印　　次：2020年9月第1次印刷
京权图字：01–2019–7333
书　　号：ISBN 978–7–5217–2066–2
定　　价：59.00元

感谢我的母亲和父亲，是你们教会了我一切。

你们的爱支撑我飞得更高、更远，无惧风雨。

我得到了你们无与伦比的爱和无私的支持。

感谢你们为我付出的一切，我爱你们。

感谢克里斯，你是最好的丈夫，是孩子们最好的父亲，

也是我一生中最好的朋友。

你是我坚强的后盾，没有你也就没有这部著作。

我爱你。

感谢我的孩子们：比阿特丽斯、亨利、埃洛伊丝。

千言万语道不尽我对你们的爱。

我永远爱你们。

感谢挚友查尔斯、安德鲁和希拉里，

是你们鞭策我马不停蹄，只争朝夕。

你们给了我灵感和动力。

目录

前言

现在就是你的机会

我猜，你是因为好奇，所以才打开了这本书。在你的内心深处，一直有一个声音在告诉你，你不仅可以成功，而且会拥有一个卓越的人生，你具备这样的能力。你有这种感觉，可能是因为你的父母或老师对你说过这样的话，或者是你自己始终坚信这一点。你只有一个想法，那就是你已做好准备，准备好让别人听到你的心声，准备好去实现你认定的目标。

我想告诉你的是，唯一能改变你的生命历程的人是你自己。你可以成为你想成为的任何人，你能做到你想做的任何事。但是前提是，你得学会利用内心的这个声音来指引你通向你想要的生活。

要想拥有卓越的人生，需要担当、努力、奉献。你还需要有计划性，并对目标保持专注力。一路上，你会想放弃，会遇到失败，甚至可能担心这些挫折会打败你。这时你一定要坚信，每一次失败都会让你变得更强大。在某一刻你就会明白，你所经历的这些挫折，都只会让你更有准备地去面对人生中更多的挑战。最重要的是，你可以把你的经验分享给那些刚刚踏上人生征途的人，或者那些需要鼓励的人，这样一来你就会结交一帮朋友，他们会受到你的鼓舞，同时也会督促你去完成你给自己设定的目标。当然，你也可以反过来督促他们。

我说这些，是因为我和你一样。如果20年前有这样的机会，我肯定会走进书店买这本书，因为在我的内心深处，我始终知道自己想过不平凡的生活。虽然我一直坚信我具备成功的潜力，但是那时候我还不知道成功意味着什么，或者说如何才能走向成功。你在这本书中会了解到，我在很多年里都不辞辛苦地工作，也非常努力地学习，充分利用自己一直在培养的关系圈子，敢于冒险去把握各种机会，并且不断做各种尝试。我会抓住任何机会，并想尽一切办法最大限度地利用好这些机会。人生没有捷径，但是我希望你能读完这本书，它可以帮助你用尽可能短的时间实现你的目标。然后，你将设定新的、更高的目标，并持续为之努力。

我写这本书就是想告诉你，只要你能把困难看成垫脚石而不是拦路虎，那么在生活中，一切皆有可能。如果你认定要做一件事，并下定决心坚持到底去完成它，那么就没有什么是你做不到的。就像我，我要争分夺秒地赶在截稿日期之前完成这本书，同时还要照顾好三个孩子，花一定的时间陪伴我的丈夫，并且做到全职工作和晚上慈善拍卖师的兼职两不误。如果我能在有限的时间里把这些兼顾好，那么我相信你也可以实现你的梦想。

只有当某个女性想成为这样一名最强大的女人时，她才会挑选这本书。我想用这本书改变你的命运。我希望这本书能提升你的信心，激发你的动力，助推你成为最好的自己。同时，在你努力上进的过程中，你也能鼓励你身边的其他人。

最强大的女人是我。

最强大的女人也是你。

最强大的女人

会 ● ● ● ● ● ●

掌握主动权

一名穿着一身黑的舞台工作人员站在我旁边，手里摆弄着耳麦，对我说："莉迪娅，2 分钟后上台。"

我深吸了一口气，低头看了看我准备的那堆提示卡，右手来回摆弄着拍卖槌。台上播放着一则介绍这次拍卖会的精心制作而成的视频，台下 1 000 名观众正抬着头观看视频。当我从漆黑的后台看向台下这些观众的脸时，我瞬间感觉自己体内肾上腺素水平迅速升高，整个人紧张、兴奋起来。

"莉迪娅，30 秒后上台。"

那位舞台工作人员把麦克风递给我。我闭上眼睛，我的脑子里想的全是怎么演绎出完美的开场白。拍卖会最开始的 5 秒至关重要。如果我不能用生动有趣的方式来吸引观众的注意力，那么几秒之内，整个房间都会淹没在这 1 000 名观众的噪声里，我可能也只好坐下喝杯饮料了，因为届时没人会听我在说些什么。

“莉迪娅，注意聆听‘上帝的声音’，”他说的是舞台幕布后面宣布下一个讲话者的幕后音，“倒数5，4……”

我迅速地从侧台走向舞台中央，一边让自己的眼睛适应舞台的强光，一边用余光扫视观众。我为此次拍卖会精心挑选的服装是一款深红色的裙子，这件裙子不仅颜色足够吸引观众的注意力，而且显得比较正式。我的棕色长发烫了卷，表明我很用心地准备了这次拍卖，但是因为在家的时候我一直被三个孩子围着转，忙忙叨叨的，所以我几乎没时间在晚上上台之前做一个干烫发型。

“3，2，1……”

“让我们掌声有请佳士得拍卖行的总经理兼首席慈善拍卖师莉迪娅·芬内特女士。”

我大步径直走向拍卖主持台，花了几秒钟把提示卡铺开放在台面上，故意停顿了一会儿，目的是让观众抬头看我为什么不说话。

砰！砰！砰！我敲木槌的声音极大，有一半观众因此吓了一跳。

我称之为“敲击法”。

“敲击”是我的标志性动作。我在每一场拍卖会开场时都会做这一动作。有几次我忘记带拍卖槌，我就只能临场发挥，拿到什么就用什么——有时候是一个空盐瓶，有时候是我椅子上放的科颜氏做推销的免费礼品袋里面的面霜罐子，有时候是一管罗拉玛斯亚牌的口红。有的时候组织方没有准备拍卖台，我就不得不用其他东西——楼梯扶手、钢琴上的盖子、从后台找的木块等充当拍卖台。一个经常参加拍卖会的竞买者曾经跟我说，我应该给我的“拍卖槌敲击法”申请专利——只要竞买者听到木槌反复敲打拍卖台的声音，他们自然就会知道是由谁来主持这场拍卖会了。不管我当时是用什么敲打拍卖台，我总是喜欢用“敲击法”开场。而且，一旦木槌敲到了台子上，我就再也不会退却了。

其实，在我成为拍卖师之前几年，当我申请佳士得拍卖行实习岗位的时候，我就已经开始无意识地使用“敲击法”了。

上大二的时候，我申请了一个欧洲学习的项目：大三上学期可以去牛津大学学习，之后可以进行为期一个月的法国、西班牙和意大利三国的艺术学习之旅。在那个学期之前，我对艺术的认识可能和大多数人在一生中对艺术的了解差不多。我看过教科书里凡·高的《星月夜》的图片；我在大学书店买过一幅莫奈的《睡莲》的海报；一到假期，我就被父母拉着去参观博物馆，但是我们兄弟姐妹几个都不喜欢看艺术展览，于是就跟父母软磨硬泡，最后跑到冰激凌摊去了。

我们在和父母逛博物馆的时候只觉得百无聊赖，但是我并没有意识到，每件艺术品背后都有一个故事（多数作品背后的故事不止一个）。墙上这些静止的艺术品在被赋予这些故事之后，就会变得栩栩如生，别有趣味。当我长大后在牛津大学上学时，我们和教授一起参观博物馆，她会给我们讲作品创作者的故事，或者这幅画作如何在当时因为主题的选择而被认为是败坏风俗的不雅之作，如何落到某个人或者另外一个人的手里，如何最终被收藏在博物馆里。我们参观了一家又一家博物馆，我在那一整个学期都对博物馆很着迷，了解了很多名作，拿着笔记本和铅笔时刻做着笔记，试图记录下关于那些作品的每一个细节。这一学期的课程结束了，我也尝遍了意大利街头各式各样的意大利面。在那之后，我毫不犹豫地选了艺术史作为我的第二专业。在接下来的一年半里，我在我的课程表里尽可能多地安排了艺术史方面的课程。

在我的国外之旅快要结束的时候，我在一本杂志里看到了一篇文章，讲的是关于在拍卖行工作的女性。在这之前，我从来没有想过，艺术世界可以被注入如此充满活力、生机勃勃的商业因素。我以前的认知是，人们走进画廊参观，然后看上哪件作品就把它买下。实际上，我觉得我从来没有认真想过这件事。对于我来说，挂在博物馆墙上的作品才叫艺术品，挂在自己家墙上的不算是艺术品。这篇文章重点介绍了在拍卖界工作的无限魅力——在追踪一件先前被认为丢失或者被盗的作品时的孤注一掷的风险和压力；去纽约和伦敦见识有来自世界各地的顶级客户参加的大型拍卖会盛况的机会；参加国际旅行的机会；遇到世界上最有影响力的人物的机会；每天看到博物馆馆藏级别的高质量艺术品的机会。看到这些，我对这个行业彻底地着迷了。假设有这么个地方：这周墙上挂着的是一幅新被发现的列奥纳多·达·芬奇的作品，下一周可能挂的就是德加的作品——在这样的地方工作，简直就跟做梦似的。我在做了一些基础性研究之后了解到，很明显，世界上的两大顶级拍卖行是佳士得拍卖行和苏富比拍卖行。因此，我设定了目标，我要去这两家拍卖行中的任意一家做实习生。为了实现这个目标，我坐下来认真制订了计划。

在接下来的几个月里，我都在研究拍卖行业的知识。此外，只要别人肯听我说，我就会跟我遇到的任何人说我正在寻求在拍卖行业做实习生的机会。对我来说，把我的人生目标告诉所有人，就跟做自由贸易是一样的——你永远不知道一路上谁可能会帮到你，所以永远不要害怕把你的想法说出去。同样，这也有另外一个好处：它能让你在追求目标时坚持到底。你告诉了别人，他们就会在你实现目标的过程中监督你是否取得了进步。这并不意味着你要喋喋不休地跟别人谈论你的事，然后听天由命，但是尽可能多地让别人参与到你的计划中来总归没有坏处。当我告诉了全世界我对拍卖行业感兴趣之后，我的好运接踵而来。那一年圣诞节之后，我的父亲在一个鸡尾酒会上结识了一位年轻而时尚的女性，她恰恰在佳士得拍卖行工作。我愿意把这个看成上帝的安排。那篇文章里提到的在佳士得拍卖行工作的女性应该有的特质——优雅时尚、谈吐得体、着装美丽——她全部具备。尽管我知道我接下来可能有添油加醋之嫌，但是我真的记得她那天系了一条爱马仕的丝巾。一杯酒过后，她爽快地递给了我一张如黄金般珍贵的名片，上面写着玛丽·莉比的联系方式。玛丽·莉比是佳士得拍卖行的女负责人，已负责实习生项目三十余年。

如果你是Y代人或Z代人[①]，或是千禧年左右出生的一代，或者不管怎么命名的，你就是所谓的“下一代人”，那么你可能对这部分故事理解起来比较困难。曾经有一段时间，电话没有来电显示功能（那时人们沟通起来比较不容易）。当时的情况是这样的：人们不知道是谁打来的电话，所以打进来的每个电话他们都得接听。我打电话的那天，可怜的玛丽·莉比接电话的时候不知道是谁打的，然后她和蔼地（但是坚定地）解释说实习生项目已经招满了——她最后给我的答案是否定的。

言归正传，接下来进入“敲击法”的话题。

录取名额只有30人，我如何争取到第31个

我开始了自认为高级别的电话“围攻”。每天早上，我都会坐在房间里，在草稿纸上写下我想对莉比女士说的话。我会在一张纸上全部用大写字母写下支持我观点的论据和反对我观点的论据，然后把这张纸放在自己面前。我会先深吸几口气，这样我的声音才不会发抖，然后我会拨打佳士得拍卖行莉比女士的工作电话。每次她接通电话时，我都会用同一种方式开始我们的对话：“莉比女士您好，又是我打来的，我是莉迪娅·芬内特。我相信关于今年夏天我想去佳士得拍卖行实习的事，今天我们一定能谈妥。”我最开始打

① Y代人一般指1981—1995年出生的人，Z代人一般指1996—2009年出生的人。不过不同的人对这两个时期起止年份的划分可能会略有不同。——译者注

电话的那几天，莉比女士都会笑一笑，然后跟我说一些比较客气的话，比如“哦，亲爱的，很不巧，我们现在还没有什么好办法，恐怕没有你实习的岗位了”。

又过了几天，事情还是没有什么进展，我开始调整我的策略。我一次又一次地用同样的方式与莉比女士对话，不可避免地，她最后都会说：“恐怕还是不行。”所以我就采取了一个新的方法。我列出了一系列问题质疑为什么实习生项目必须限定为 30 人。我的想法是，如果我能找出实习生项目设定 30 人上限这个规定的瑕疵，我可能就有机会因为规则的漏洞而被破格录取。

第二天早上打电话的时候，我照例先问候了莉比女士，在她像往常一样给出“还是没机会”的答复之前，我迅速地问她为什么实习生项目必须限定为 30 人，我还特地指出了实习生是没有工资的这一事实。我进一步解释道，如果有很热情的实习生愿意无偿工作，公司的每个部门应该都会很乐意接收他的。莉比女士向我透露了原因，问题在于实习生每周要出差去很多博物馆，而对于部分外派项目，公司所能承担的食宿费用最多不超过 30 人的份额，因此他们把这个项目的人数限定为 30。莉比女士的这番话，正是我想听到的。

“要不然这样吧，”我对莉比女士说，“我做一份弹性的实习工作，当项目人数只允许为 30 的时候，我就不参加那个外派项目了，这样可以吗？这样对于公司来说也是件好事，因为我可以整周在岗，全天在岗。此外，比如说，假如你们有个实习生头天晚上熬夜太晚，然后请了病假（这样做太不负责任了！），那么我就可以作为替补代替这个人去参加那个外派项目。”

莉比女士没有马上同意。但是，这也是她第一次没有完全拒绝我。

在我挂掉电话一个小时之后，她给我回了电话，告诉我因为场地的局限，不是所有的演讲活动或者拍卖活动我都能参加，但是我可以在商业发展部门做一份弹性的实习工作，在那里我可以从拍卖词汇等基础的东西学起。

为了达到自己的目标，我什么都可以做，打扫卫生都可以。这个机会可以帮我达成进入拍卖行业的目标，我是无论如何都不会浪费这次机会的。那个夏天我搬到了纽约，按照先前提到的那篇文章里建议的方式得体着装——我穿着我自己的黑色套装，系上从我母亲那儿借来的丝巾，昂首挺胸地走进了位于公园大道的佳士得拍卖行，胸中满怀掌管整个公司的志气。在商业发展部门工作这件事令我心驰神往。我乘电梯来到了顶楼，准备看看我那间拐角处的俯瞰整条公园大道的办公室。

事实上，对着墙放着的一张非常小的桌子就是我的办公桌，旁边堆着一摞有 4 英尺[①] 高的纸，还有张便条写着：“请将纸撕碎。”就这样，我那个夏天的故事变成了撕一堆堆的废纸、发传真、发文件、帮老板填写关于潜在客户的报告，而不是像那篇文章里写的系

① 1 英尺约等于 0.3 米。——编者注

着香奈儿丝巾的女性的那个样子。尽管如此，我仍然热爱这份工作。在拍卖期间，到处都散发着能量；每个屋子，只要有地方，就都悬挂着世界顶级艺术品；拍卖结束时拍卖槌敲击台子的回声时常萦绕我的耳畔。我下定决心做好每一件别人交代给我的事，而且要主动承担一些分外的事。每天只要一开始工作，我就始终面带微笑，穿着精致，脖子上系着丝巾，但是手却被纸划得到处都是口子。夏天结束的时候，他们给了我一份正式工作。

那时我只是一个大三的学生，不得不回学校完成大四的课程，所以我没法儿接受他们提供的岗位，这真的让我很痛心。我知道我想重回佳士得工作，所以大四那一年我一直和莉比女士、我实习时候的主管保持着联系。大学毕业后，我就去佳士得做了另外一份实习工作，这一次是在特殊项目部门，我在收发传真和撕纸的那个实习阶段就对这个部门的团队十分敬仰。我在 1999 年 9 月开始了为期 3 个月的实习。到 12 月，我通过了佳士得的面试，获得了一份全职工作。

接下来的人生，主动权在我手里

在我职业生涯的最初阶段，我就已经很清楚，充足的准备、专注及辛勤努力对于获得人生各个方面的成功都很重要。但是我在佳士得工作近 20 年后所明白的是，这三样品质对你取得成功起着关键性的作用。这无关职业，无论你是一个定期给一群学生讲课的高校教师，一个正在筹集种子资金的科技公司的CEO（首席执行官），还是一个正在商谈佣金的艺术家，你都需要找到适合自己的“敲击法”来帮助你成功完成自我推销。对普通人来说，走进一间会议室，猛敲几下拍卖槌，不会给你带来任何收获，反而会让别人觉得你莫名其妙，别人可能还会把你“请”出去。但我是一个拍卖师，在座无虚席的屋子里，我面对的是一群喝了不止一杯鸡尾酒的客人，为了能在这些嘈杂的观众中掌握主导权，通过使用必要的“敲击法”，我就能立刻拥有对现场的掌控感。我对拍卖槌的敲击就表明我是负责人——在接下来的半个小时内只有一个人可以讲话，而那个人就是我。

你所用的“敲击法”必须是你感觉真实可信的，它应该是你在每个场合都可以使用的方法。用了这个方法之后，你会在和你要应对的人接洽的瞬间充满自信，感觉很舒服。我和专业运动员、世界著名演员、有影响力的励志演说家都交谈过，他们每个人都描述了自己的一个行为或者一种激励性的想法，那个特定的行为或者想法能帮助他们使大脑冷静下来，集中思考，汇聚力量继续前进。而我每次做的事就是敲击我的拍卖槌。在我敲下木槌的那一刻，我不需要想任何事，因为这是我的惯例，它能让我立刻放松紧张的神经，毕竟，到写这本书的时候，我已经敲了一千多次拍卖槌了。在你使用“敲击法”的时候，为了能更好地投入你的推销活动，你需要留出时间整理自己的思绪，还得留出几秒来理清思路。对我来说，这些都凝聚为一个敲击拍卖槌的动作；对有些人来说，这可能是两手扣紧的动作，或者双手在桌子的任意一边使劲按压的动作；对另一些人来说，他们可能仅仅用一句话就能够让对话从幽默打趣的闲聊转到严肃认真的商务谈判上来。不管是什么手段，你使用的“敲击法”必须能够让你不管在什么场合都能有掌控全场的感觉，你必须让在场的所有人都明白你是整场的主角。

尽管“敲击法”对你开始销售的那一刻来说很重要，但是为使用“敲击法”之后马上要发生的事做充足的准备同样重要。你有没有见过这样的情况，会议上要发言的人由于太紧张，他们开口说话时声音都在发抖？这种情况十有八九是因为，除了人们在公开场合讲话会感到紧张这一原因，他们并没有想清楚他们在开口之后要说什么。基于这样的原因，讲话者不仅会使自己的神经高度紧张，还会让听众难以集中注意力。在场的听众不但无法专注于发言者说的内容，甚至会因其表现出的不安而感觉不舒服。

下一次，在你负责做销售或者做演讲时，你要确保自己想清楚了用什么样的“敲击法”和什么样的开场白，这样你展示给别人的才是一个既知道自己想要的是什么，又能告诉别人你准备如何得到它的形象。不管怎样，找到一个手势或一句话，只要它能帮助你集中思考，激发你的所有想法就行。一旦你弄清楚了这些，你就可以将其应用到你要展示自己的时刻，它能让你充满信心地用一种很真实的方式表现自己。如果你面对的那个人或者很多人令你的精力无法集中或者令你紧张不安，你用这一招也会很有帮助，此招一出，他们的表现便不会扰乱你的内心或者让你猝不及防了。你可以寻找某个契机将你的“敲击法”抛出去，然后顺势而为，自然而然地切入你精心准备的报告、演讲或者讨论。

我发现，如果我主持的拍卖会或会议是这样开始的——在拍卖场里敲击拍卖槌或者是开启一段有深度、沉着冷静的开场白，那么接下来我所有的销售技巧（创建人情纽带，积极而幽默的氛围，得心应手的销售手段，再加上一点儿个人魅力）都能保证最终实现我预期的销售结果。

我坐在我儿时的卧室里，拨通了世界上最负盛名的拍卖行的电话，那年我 19 岁。那时候我并不知道我第一次使用“敲击法”，就能帮助我踏上康庄大道，通向我在佳士得拍卖行 20 年的职业生涯。在那通电话之后，不管是在生活上还是在工作上，只要我想掌控整个局面，我便会一次又一次地使用这一方法，以确保我在任何时候都能全神贯注并做足准备。所以请记住，只要你想做成某件事，别忘了使用你的“敲击法”。因为你练习得越多，使用起来就越容易，当它变成你的“第二天性”之后，你就能做到只要一开始推销，你就能掌控整场会议、整场推销会、一屋子的人，甚至是整个麦迪逊广场花园。

她们的现在就是你的将来

——关于她们掌握主动权的心得

霍利·邓拉普

Stylindex and Makono 公司 CEO

上一周我在做集资时，我要在皇家研究院对 425 名潜在投资者做推介。在使用所有的推销术语之前——甚至是在与潜在投资者进行一对一的会谈之前，我想了一下马拉维（非洲国家）。

如果我想完成为位于马拉维的马科诺做慈善的目标，我就需要筹到一大笔钱。这一想法激励我马上进入销售模式，打起精神，“为孩子们而战”！

从另外一个角度来讲，会议开始前想想为马拉维做慈善这一目标也能让我冷静下来，因为我知道总是担忧会议不成功是最致命的错误。我能好好活着，还能为那些没有自己这些优越条件的人筹资，就已经很幸运了。提醒自己筹钱是为了正当的事，这对我来说很有用，但是真正能让我放松下来并全力以赴的是，我清楚就算失败了，天也不会塌下来。

梅根·奥利里

美国奥运会划桨手，世界锦标赛银牌获得者

6 艘船在水面上整齐排列，两两之间间隔仅数米，在起始线处整装待发——在划船比赛中没有比开赛前这一刻更紧张的了。现场弥漫着紧张的气氛，众人屏息以待，我能清晰地听到水击打船帮的声音。我参加的项目（女子双人划船）的比赛时长通常只有六分半钟，几乎不允许有任何失误或丝毫犹豫。你必须从第一桨开始就做到精准无误。第一名和第六名的成绩经常相差不到一秒。

当裁判员提醒距离比赛开始仅剩两分钟的时候，我会多做几次深呼吸来驱散紧张情绪，放松身体，然后闭目醒神。我只闭眼几秒，我会在脑子里想一下比赛的关键点，再提醒一下自己一路走来所付出的努力。随着几次深呼吸，我摒弃了所有的干扰。最后，就在开始比赛的口令发出之前，我双手使劲拍了一下大腿，然后把手放在我前面的搭档的背上，示意她："我们准备好了，我们彼此信任，让我们一起加油吧！"这就是我的"敲击法"。

比赛成功的关键是全身心地投入，只专注于眼前的一件事——对我来说就是划下的第一桨，然后下一桨，再下一桨。在那个时候，热身是否做得好，划得是否比平时训练的时候好都不是最紧要的。最重要的是，在比赛的号角吹响之后，从起点到终点的 2 000 米比赛中，我的表现如何。

最强大的女人

会 ●●●●●●

2

打造个人形象

对于有些人来说，销售就是其第二天性：在你连房租都快交不起的时候，某个卖耳环的女孩却可能说服你买一副精美的耳环；尽管你住在南佛罗里达州，从来没听说过开司米羊绒衫，但是某个女售货员却能让你觉得自己必须得买一件；某个女销售员会劝你说，你不买某件东西，你的生活就不完美；等等。如此这般，你可以自己回想。

我们每个人都遇到过天生就有销售天赋的人。他们巧舌如簧，能从容而优雅地说出那些推销的话，让人深信不疑。但是可喜的是，即使你天生不是做销售的料，你仍然可以通过后天学习熟练地掌握销售技巧。然后，经过不断的练习，你能和那些有销售天赋的人一样脱颖而出。

如果你在电视节目或者电影里看过拍卖场景，你会发现，场景中的人物可能会变，围绕拍卖的故事情节可能也会变，但是有一样是不变的：拍卖师几乎都是一位满头银发、操着一口地道的英国口音、穿着一套合体的晚礼服的英国绅士。这位优雅的男士通过技巧抬高出价，自如地掌控着整场拍卖会，销量颇大，直到最后一件重头拍品拍卖成功。拍卖会最后必然都是以这样戏剧性的一幕结束的：两位竞拍者争得热火朝天，最后出价出到了天文数字，到这个节点上，拍卖师都会停顿一会儿，然后落槌并坚定地宣布："成交！"

我在刚到佳士得工作的时候，看到的几乎90%的情况都是这样的。

1999年，21岁的我初出大学校门便进入佳士得工作。当时，我对销售几乎一无所知，对拍卖行业的了解更是少之又少。刚到佳士得不久，我就意识到拍卖行业就像是一个"老男孩俱乐部"（意指精英上流社会），出售艺术品是建立在长久而稳固的人际关系基础上的。人们有时只需握握手，合同就签了；有时只需吃顿饭，生意就谈成了。而且经常是一位高管的家族老朋友就能决定我们是不是能拿下某单生意。

当时，佳士得拍卖行的首席拍卖师是一位举止优雅、满头银发的英国绅士。他在艺术和拍卖领域久负盛名。他如此声名显赫是因为他超强的能力——只需眉毛一挑，三言两语，他就可以争取到额外的出价。在我们的几场晚间大型拍卖会上，他站在台上向私人客户推销博物馆馆藏级别的艺术品——毕加索、莫奈和雷诺阿的作品。单件艺术品的竞拍价通常高达数百万美元，在一些重大晚间拍卖会上，起拍价会突破100万美元，成交价最高可飙至5 000万美元。

我记得有一次自己满怀敬畏地观看了他在拍卖会上如何毫不费力地加价的过程。第一次叫价的是一位坐在前排的男士，第二次叫价的是一位坐在屋子后面的女士，第三次叫价的是一位紧张的年轻女子（这个女子就是我）——她在替一个从摩纳哥打来电话的顶级客户参与竞拍。看着他，就像看着交响乐队中的指挥，或者在足球场边上指挥球队的教练，我不知道他的工作需要付出什么，但是他的从容及对场面的掌控，让他看起来做事情不费吹灰之力。我站在电话旁代表我们的客户竞价，对拍卖师的表现百看不厌。我做梦都没想到我能有机会成为拍卖师，站在主持台后面敲拍卖槌。当然，这样说也不完全准确，其实我一直都挺敢于追求梦想的。

当我告诉别人我是佳士得拍卖行的拍卖师时，他们问的第一个问题是："你说话快吗？"知道我当时是怎么回答的吗？我说："我的确说得很多，也很快，但我不是在卖普通的商品，所以我没有必要像你看到的电视销售那样，全场说话的语速都超级快，像在卖牲口一样。"听到我这么回答后，他们通常会有点儿意外，但他们似乎仍然对拍卖师这一职业很感兴趣。不可避免地，他们会问到第二个问题："你拍卖过的最贵的东西是什么？"这个问题总是问得我一愣。还记得我刚才说的那位满头银发的英国绅士吗，就是那位在拍卖会上推销毕加索和莫奈的作品，并优雅地引导着顶级客户出价的拍卖师？

我就是我，和他不一样

我跟他不同。

我是一个慈善拍卖师。我有时也会销售艺术品，但多数时候我卖的是无价的人生经历：与名人在一起的独一无二的珍贵时刻，或者是有些人毕生追求的假期。这种无价和毕加索作品的无价不是一回事。和乔治·克鲁尼共进晚餐或者和雷迪·嘎嘎 [Lady Gaga，原名史蒂芬妮·乔安妮·安吉丽娜·杰尔马诺塔（Stefani Joanne Angelina Germanotta）] 一起上唱歌课的宝贵机会就是这种无价商品。

进入佳士得的第一年，我在特殊项目部门工作，负责处理所有关于慈善拍卖的请求。来自世界各地的非营利组织会和我们取得联系，请求佳士得慈善拍卖师在筹集活动关键资金方面为他们提供专业帮助，然后公司会将这一诉求转给特殊项目部门训练有素的拍卖师，最后根据拍卖师的技术水平和经验，分配他们去做合适的慈善拍卖活动。作为对我们顶级客户的一种礼遇，也是公司的一种营销手段，佳士得会对到世界各地做慈善拍卖的慈善拍卖师进行培训。身着男式半正式礼服或者女式短裙礼服的慈善拍卖师会被派去参加最著名的慈善晚会，上台主持慈善拍卖，鼓励来宾为慈善项目多多出价。

我刚到佳士得的时候，艺术品拍卖师和慈善拍卖师之间并没有太大区别。大多数艺术品拍卖师仅仅是以拍卖艺术品的方式做慈善拍卖。如果慈善拍卖师有空，或者有顶级客户以非营利目的邀请他们进行拍卖，他们也会有选择地参加一般拍卖会。据我在佳士得的早期经历，艺术品拍卖和慈善拍卖之间最显著的区别是你在拍卖环境中面对的观众不同。

若是艺术品拍卖会，客户会被邀请到佳士得位于纽约、伦敦和中国香港的高雅的拍卖室。那里的房间光线适宜，一排排椅子被整齐地摆放在拍卖台的对面，佳士得的拍卖师就在拍卖台上主持拍卖会。拍卖会一旦开始，现场的客户就会在房间里参与竞拍，与此同时，还有客户进行线上竞拍，或者打电话到拍卖室侧面的电话专线处参与竞拍。每个电话专线都由一位训练有素的佳士得员工专门负责，他们将实时拍卖信息传递给客户，并礼貌地用“先生”、“女士”或“出价”来表示他们的客户正在进行电话竞价。房间里的客户在无意于参与竞拍的时候，会安静地浏览自己手中的商品目录，确保不向他们认识的人挥手，或者做任何可能被误认为是出价的动作。当拍卖环节出现了他们想要的东西时，他们就会举起竞价牌，要么竞价成功，要么被别人出的高价超过，然后才放下牌子。竞价失败者往往会轻轻摇摇头或者低头继续看目录。在佳士得拍卖旺季，一周能有多达 8 场拍卖会，上午进行完，下午继续，日复一日，周复一周。每天都是以这样一种优雅的、有趣的方式度过。

与之相对的是慈善拍卖。翻阅《服饰与美容》(*Vogue*)、《名利场》（*Vanity Fair*）、《城里城外》（*Town & Country*）或其他任何一本杂志的派对照片，你都能发现一些社会名流人物或社会组织参加了在纽约举办的为非营利组织筹款的活动的精彩照片。行业巨头、亿万富翁和穿着礼服的名人从他们的专车里走出来，走过红地毯，穿过一群努力寻找完美拍摄角度的摄影师——几分钟之后，这群人拍摄出来的最佳照片就会传遍网络。到达室内几秒后，服务员会给客人们提供一杯香槟或一杯特色鸡尾酒，这是当晚第一杯饮品，随后还会有很多。在大约一个小时的畅饮之后，尽管有的客人还意犹未尽，服务员还是会关闭酒吧，并鼓励他们移至紧邻的空间用餐。在客人移坐到餐桌前进行当晚下半场活动的时候，他们很清楚，接下来的几个小时他们就要听主宾发表虽然承诺只有两分钟但却很冗长的演说了，他们还会享受一顿丰盛的大餐，外加几杯葡萄酒。当晚活动快结束的时候，慈善拍卖师会上台。此时，如果房间里能有 5 个人有兴趣关注拍卖，那真是个奇迹了。多数人会在拍卖会开始的时候趁机溜走，回家接管保姆在照看的孩子或者睡个好觉。如果有几个人愿意留下来，那也是因为他们压根儿不想回家。如果拍卖师能够让观众的注意力保持足够长的时间让自己得以介绍完这些拍品，那他们就挺幸运的了。

不久我就意识到，慈善拍卖会的盛大活动与佳士得拍卖室内的集中拍卖是完全不同的。似乎只有当人们在与其晚餐同伴交谈的闲暇之中抬头看的时候，他们才会参与竞拍。即便那时我才 21 岁，但我已经清楚地明白，艺术品拍卖和慈善拍卖是两种截然不同的拍卖，那位优雅的拍卖师虽然能在佳士得拍卖场内叱咤风云，却不见得能在坐满了微醺客人的慈善拍卖会上取得同样的成绩。

随着我在特殊项目中扮演的角色逐渐增多，我开始和负责安排慈善拍卖会活动的经理合作。如果活动规格比较高，那么佳士得就会安排一个小型团队协助拍卖师完成指认（确认挥手出价的人）、登记买家（留下他们的联系方式，这样组织方可以跟进付款事项）或作为竞拍环节的工作人员（在拍卖台上站在拍卖师旁边，协助确认竞拍者）。

我第一次以拍卖师的视角看观众是在我作为一名竞拍工作人员的时候。在这个拥挤的、热闹的宴会厅里，我们面前是吵闹而混乱的一群人，拍卖师可能看不到竞价者，而我的职责就是站在拍卖台上帮助拍卖师辨识出竞价者。一次又一次地，我发现自己想成为拍卖师——而不是那个站在拍卖师旁边给他提供讲笑话的素材并写下中标者举牌号码的人。当时，我协助的慈善拍卖师都是男性，他们都是在佳士得拍卖毕加索和莫奈的作品的重量级拍卖师，他们主持的拍卖会竞拍有序，客人也都很规矩。他们中的很多人完全不喜欢对一群不守规矩、爱说话、有点儿醉醺醺的客人进行推销，这与艺术品拍卖会上有组织的、冷静的、有系统的推销完全不同。无数次，当我与拍卖师一起在后台候场的时候，他们会紧张地来回踱步，向我透露他们对这种拍卖方式的不适感。紧张的神经扰乱了他们的心绪，这就像一剂吐真药，让一些拍卖师愿意吐露心声，告诉我他们有多厌恶主持慈善拍卖会。因为我在这些拍卖会上不是主角，对于拍卖师试图吸引观众注意力而采取的方法，我很容易就能看出哪些奏效，哪些不奏效。我母亲过去经常说“耐心是一种美德”，我小时候总觉得这句话很可笑——还有什么是比苦苦等待你真正想要的东西更糟的呢？但是对于我想当拍卖师这件事来说，耐心正是我所需要的，因为它给了我时间来做好准备，等机会真的降临的时候我才能一试身手。

在我担任竞拍工作人员的最初几年里，我总是悄悄告诉那些感觉不自在的拍卖师一些笑话，或者建议他们采用一种新的方法介绍某个特定拍品，通过这些方式来帮他们掌控场面。曾有一位拍卖师经常让我把笑话写在纸条上，并在拍卖的时候偷偷塞给他。不幸的是，由于他带有浓重的瑞士口音，而且讲的笑话不合时宜，这一招收获的效果从来没有我预期的好。我看到这些拍卖师拍卖激动人心的国外之旅和与名人相处的宝贵机会的方式和他们在拍卖价值百万美元的艺术品时是一样的。有的拍卖师能够让慈善拍卖活动现场躁动的观众心满意足，而有的拍卖师却迫不及待地想结束拍卖，返回佳士得的拍卖会舞台，因为在佳士得，客人不会在拍卖中间提问题刁难他们。虽然这两种类型的拍卖师都拥有令人敬佩的高超技能，但是慈善拍卖领域里混乱未知的神秘感却深深吸引了我。慈善拍卖会缺乏组织性，允许拍卖师发挥各种销售技巧，而在佳士得拍卖室里，人们却不待见销售技巧。因为在佳士得拍卖室里，拍卖师确信，这一千余名观众当晚在到达活动现场的时候，就清楚这里要举行一场拍卖会了。不止一次地，当我站在佳士得的某位拍卖师身旁时，我发现观众的喧闹声盖过了他说话的声音，他甚至听不见自己在说什么，他的脸因此涨得通红。每逢此时，我真想抓住麦克风，指挥现场观众。

我在佳士得工作了 3 年，终于有机会当拍卖师了。

在一个繁忙的慈善拍卖季，我们很多慈善拍卖师都同意参加拍卖，但是由于行程问题、生病或在慈善拍卖会前的紧急商业事务等原因，有几个人在最后一刻不得不取消了拍卖计划。这对不止一位我们的顶级客户造成了影响。非营利组织在很大程度上依赖拍卖活动中筹集的资金来填补运营预算，资助项目上的资金缺口，甚至支付工资。想象一下，当你指望一位训练有素的拍卖师靠他的专业技能尽可能多地从客户中筹到资金，结果到最后一刻只剩下某人的叔叔自愿临时代替时，你会有怎样的感觉。正如你能想象到的那样，一个专业的拍卖师拥有一套特殊的技能来推动整场拍卖会，并取得喜人的成果。这样的专业人士由某人的叔叔代替？我们设想一下最好的情况：他在那里说着“单口相声”，吸引观众的注意力。而最坏的情况是，他们最终只能筹到预期资金的三分之一。

幸存者游戏

佳士得的管理层做出了一个行政决策，决定每年面向整个公司开展选拔活动。在那之前，只有公司的管理者，也就是助理副总裁及以上职位的人才有资格成为慈善拍卖师。到那时为止，大部分慈善拍卖师已经在佳士得工作至少十年了。他们中的许多人经常在拍卖会上工作到深夜，并且经常要出差，同时还要照管家庭，周而复始，把自己搞得疲惫不堪。与之形成鲜明对比的是，我是一名年轻的单身女性，在公司已经工作了3年，从来没有人建议我去出差。再加上我搬到这个城市后朋友很少，我的社交日程也不是很满，我除了有时间，别的什么也没有。如果我可以把这些时间安排在全国各地的正式拍卖会的舞台上，那简直是一个让人难以置信的大好机会（虽然不管从哪方面看，我都不符合典型拍卖师的条件）。这正是我期待已久的时刻，所以我走进了拍卖场，为了能成功入选而做好全力以赴的准备。

和我一组参加选拔赛的有20个人——4名女性，16名男性。这有点儿像电视剧《幸存者》——每天都有人被淘汰出局，然后组内人数减少。第一天，我和老板，还有老板的老板在一组。那天下午晚些时候，经过第一轮淘汰之后，我目睹了我老板的老板被淘汰（她一紧张，声音就低得像在窃窃私语）。第二天，我的老板决定退出选拔赛，因为每当她站起来面对观众时，她都感到非常不舒服。到第二天结束的时候，公司的一位高级副总裁和另外10个人被淘汰了。到第三天，我开始觉得自己有机会进入最后一轮淘汰赛了。

在最后一天，评委们让我们回到拍卖台上，让我们推销他们给我们的任何东西——旅行、宝贵的经历，甚至是班上的其他学生。我就按照我在作为工作人员协助拍卖师时看到他们所做的那样去做。我假装自己是一位著名的英国绅士。事实上，我那时候大部分时间都在模仿英国口音。我完全按照我见过的主持艺术品拍卖会的那些拍卖师的样子去做：冷静、慎重、正式、礼貌，讲述准确的旅行细节和关于宝贵经历的详细情况。那天我所做的一切都奏效了。

我和其他 3 个人一同通过了选拔——他们当中有 2 个人是英国人。

在对我进行“最终评估”时，评委解释道，我是拍卖师团队的一个有益补充，公司可以派一名年轻女性去参加一些小型的拍卖会是一件好事。在这些拍卖会上，我们的顶级客户并不是中心人物。另外，我的样子看起来很“佳士得”，意思是他们非常相信我会穿着得体地出现在拍卖会上，并且在现场会表现得很专业。在某种程度上，我喜欢被低估。这样一来，如果我表现得超出预期，那就会让人觉得这是一件很了不起的事，而不是理所当然的事。我清楚地记得，拍卖部门的负责人告诉我，我“很好地完成了佳士得拍卖师的职责”。但那一年的评委中有一个人有表演背景，她从不同的视角评价了我的表现。她的反馈非常不同。“莉迪娅，别再扮演一名拍卖师了。你在台上表演得很好，但我希望你利用你在拍卖间隙对我们说的话来吸引观众。”

我明白她的意思。我最擅长理解别人的言外之意了。算上我，我的父母一共有 4 个孩子，我的兄弟姐妹个个风趣幽默、争强好胜，我只有具备这项技能才能在这样的家庭环境里生活得游刃有余。我上面有一个哥哥，下面有一个弟弟，弟弟下面还有我们聪明可爱的小妹妹，我被兄弟和妹妹围绕着，幸福极了。家里孩子的排行顺序是老大是男孩，老二是女孩，老三是男孩，老四是女孩。这种完美对称的排序令我们兄弟姐妹几个之间的竞争性极强，在舞池跳舞的时候也极具优势。我们兄弟姐妹最大的特点是幽默，一个孩子用俏皮话捉弄另一个孩子是我们家的一项传统活动。几个孩子一起吃饭的情形基本上就是，为了逗父母或者客人哈哈大笑，这个捉弄那个，那个捉弄这个，乐此不疲。我通常会“放过”我哥哥，因为他对我最好，但是对我的弟弟和妹妹，我就“不客气”了。我们兄弟姐妹在一起的欢笑声是我这辈子最让我高兴的事了，如果还有别的能让我这么高兴的，那可能就是我的丈夫和孩子的笑声了。我在读完拍卖学课程的时候刚二十来岁，意气风发，踌躇满志。在我那个年纪，对于多数人给我的建议，我都是表面上敷衍地认同，内心却嗤之以鼻，最后把别人的建议抛到九霄云外。坦白来讲，在那之后很多年，我都没有认真思考过“从事拍卖师”这件事。

试用期结束后过了几个星期，我收到了人生中的第一份邀请，是去参加即将于冬季在堪萨斯城举办的慈善拍卖。我激动不已。那可是我人生中第一次因公出差！我那时刚二十出头，大多数时间要么在书桌前办公，要么在办公室开各种会，生活本来挺枯燥的，现在有机会出差，相当于免费旅行，不管去哪儿我都很开心。一想到这个我就很兴奋。堪萨斯城的冬天会是什么样的呢？感觉就像做梦一样。于是，那个冬天，我从寒冷的纽约出发，来到极寒难耐的堪萨斯城。

我清楚地记得，在拍卖会开始的前一天，我走进了堪萨斯城的一家顶级餐厅去会见拍卖委员会成员。他们都是上了年纪的人。当我拿着拍卖会的宣传小册子走进包间时，我能从他们脸上看出他们的担心。其中一位男士一直盯着门口看，好像我就是个引导员，真正的拍卖师随后会进来。他们在看到我这个女性拍卖师时感到很意外，可能更让他们感到意外的是我竟然这么年轻，年纪和他们的孙辈差不多大。别忘了，我刚当上拍卖师的那个年代，人们不会提前去网上查你的资历，你的业内名望最重要。因为这是我从业以来主持的第一场拍卖会，我当时压根儿没什么名声。自不必说，他们会拿我开玩笑，有人甚至逗笑说让我坐到儿童桌。不管怎样，我花了整整几天为拍卖会做准备，而当他们看到我有备而来的时候，他们的顾虑似乎就打消了。这可是我期待已久的重要时刻，所以我当然会全力以赴去准备。

我在酒店里待了整整一天，准备拍卖会的事情。第二天，在我到达将要举办拍卖会的博物馆后，我感觉自己脑袋都大了，神经紧绷。我记得我和活动承办方的工作人员在后台反复修改我的主持词，当时我明显感觉到我有点儿怯场，坐立难安。

“女士们，先生们，掌声有请佳士得拍卖行的莉迪娅·芬内特女士。”我慢慢地走上舞台，双腿发软，走路就像在水上漂一样，紧张地看着台下几百位观众，但是其实他们根本就没关注我。我站在一个小型主持台前面，手里紧紧握着我从佳士得拍卖行借来的拍卖槌，那一刻我感觉我的命全靠它了。我把我的主持词拿出来，铺开放在主持台上，清了清嗓子：“晚上好，女士们，先生们。”有少许人抬头看了看我，但是多数还在继续交头接耳。我在那里站了一会儿，然后重重地敲了几下拍卖槌。又多了一些人转过来抬头看向我。

还好，我敲拍卖槌似乎起点儿作用了。

我又敲了几下，这次比上次敲的声音更大。

每次在拍卖结束后我回到办公室时，人们总是想看看我的拍卖槌。众所周知，纽约市的民事女法官朱迪（Judge Judy）的法庭被搬上了电视荧幕，《法官朱迪》这一节目中处理了很多真实的民事诉讼案件。法官朱迪会在电视法庭节目里处理像两个人为了有线电视付费的事大打出手而引发民事纠纷这样的案子，她面前摆着的法槌就跟我的这个拍卖槌差不多。你用过拍卖槌才会知道，这把木槌不是让人不停地敲来敲去的。我们通常只敲一次或者两次，响声只要足够引起大家的注意就行，千万不能用力过大把木槌头敲断了。然而，我就干了这么一件傻事。对，就是敲木槌的力量太大，木槌头被震掉了，而我就眼睁睁地看着它慢慢坠落到了台子底下。我当时满脑子都是“羞辱”“尴尬”“在舞台上找个缝钻进去”之类的话。我当时真的不知道该怎么办了，所以我干脆就穿着礼服直接跪下去，把掉下去的那个木槌头从台子下面拿了上来。

好的，我们再来一次。我用拍卖槌前面的部分敲了一下拍卖台，重新开始了竞拍。

接下来的这部分故事是我最希望讲给你们听的，我成功地完成了那场拍卖，史无前例地成功。在那次拍卖会上，我对竞买价格进行了 5 次加价，整个拍卖节奏全在我的掌控之中。事实证明，这场拍卖活动进行得不错。当然，也仅仅是还不错而已。虽然我把拍卖价格加到了委员会的预期数字，但是就我在舞台上的感觉来说，整体不是很理想。尽管我一直努力想让会场保持肃静，但是整场拍卖会下来，台下的观众都在交头接耳，那感觉就像是我在给无形的观察者主持拍卖一样。我跟委员会道别之后，回到酒店房间，感觉很累也很沮丧。我本以为我在舞台上能做得很好，还感觉信心满满，充满了期待，但是到头来，我连我曾经看到的每个人都能做到的事都没做到。

你有什么独特的吸引力

接下来的几年，我的经历都和这次差不多。人们都认可我是一个人好又可靠的拍卖师。这样一来，之前雇用我的那些机构都会邀请我再回去工作。我刚从事拍卖师的第一年就做了20场拍卖，后来几年中每年的拍卖场数迅速增加到30场、50场，再到70场。我在最开始主持拍卖时是怎么做的，我后来就还坚持怎么做，一次又一次地重复着和我的前辈们一样的拍卖方式。在我的印象中，在舞台上最初的那几年是忙并快乐着的，比我在纽约的日子肯定强多了——那时候的我独自一人待在公寓里，饿了就点外卖吃，整天想念大学的朋友。但是大部分时候，拍卖品好像都差不多，这难免会让人觉得有些无聊。我会在吃完甜品后上台，然后逼自己完成售出很多拍品的任务，因为我觉得其他拍卖师都是这么做的，所以我也必须这样做。最后，我会默默看着人们开始离场回家。有些留下来的人会礼貌地向我微笑示意，并且出于同情听我在那里介绍展品。我为了能压过底下聊天的噪声不得不逐渐提高嗓音，最后这些人也听够了，他们就又转过头去和他们同桌的朋友聊起来。

但是无论我的音量大小，观众仍然对拍品缺乏兴趣。我说的话并不能吸引他们的注意，我只是在按顺序重复念一些数字。在某种程度上，我有点儿同情他们。换成我，我也宁愿喝杯酒，和朋友聊聊天，也不愿听某个人为了卖某件东西喋喋不休地念数字，更何况我根本无意购买这件东西。对于佳士得的许多慈善拍卖师来说，这就是他们不再主持慈善拍卖的原因。夜复一夜地站在舞台上，而观众又不理睬你，这对一个人建立自信心是没有什么好处的。在经历了又一个痛苦的拍卖季后，拍卖师最终减少了他们行程单上拍卖会的数量，他们甚至对一年一次或两次拍卖都比较担心，最后他们完全停止了自己的拍卖业务。

我还没有达到放弃的程度，但是我也开始对我曾经认为是我天生就该做的事情失去热情。尽管如此，只要我能做，我就一直报名参加拍卖会，因为这仍然能让我在晚上有事可做。我需要向自己证明我可以做得更好，只是我还不知道什么样算是更好。

在我从事拍卖行业的第五年，一个周六的早上，我醒来感觉非常糟糕。当时一场严重的流感正四处蔓延，最终我还是没能幸免，也感染了流感病毒。一般来说，这可能是一个好机会，我可以有借口整天躺在床上看一本好书，喝一瓶佳得乐饮料，但是公司已经安排我那天晚上去主持一场拍卖会。我还记得，我钻在被子里浑身发抖，用手向下滑动我翻盖手机里的电话簿，寻找其他拍卖师的电话号码。我断断续续地打着瞌睡，一清醒就一个接一个地给拍卖师打电话，他们都用各种不同的理由拒绝替我参加拍卖会，我感到越来越绝望。当我听到最后一个人拒绝了我之后，我很清楚，不管我的身体有多难受，我都不得不亲自去参加拍卖会了。我在床上平躺了一整天，直到拍卖会开始之前一个小时，我服下了两倍剂量的DayQuil（白加黑感冒药的日片），穿上我最舒适的黑色连衣裙，找了一双鞋跟最低的高跟鞋，差不多跟匍匐前进一样极其缓慢地走到船屋酒店去参加拍卖会。这是中央公园里非常好的一块场地，在这里可以俯瞰公园内的一处湖景。如果换在其他任何一个晚上，能在这么华丽的场所参加活动，四周环绕的是纽约璀璨的夜景，我会感到非常兴奋。然而，那天晚上我在房间角落的椅子上缩成一团，喝着姜汁汽水，感觉自己随时可能晕过去。鸡尾酒会结束后，当工作人员催促着人群进入房间享用晚餐时，我慢慢地把椅子移到舞台旁边，直到主持人宣布我的名字，我才上场。

当时我不知道的是，在我上台前的那一刻，我体内的肾上腺素水平会上升，它能调动我整个身体的机能，这会让我感觉好很多。当幕后那个神圣的声音宣布我的名字的时候，我开始觉得我有点儿找回自己的状态了。但是“有点儿找回状态”并不足以让我完全进入我平常的那种英国绅士一样的拍卖师的状态。在那一刻，我感觉太糟糕了，我没办法假装成任何人——除了我自己。因此，我不再“扮演”成拍卖师，而是开始像把东西卖给朋友一样推销这些拍品。

第一件要出售的拍品是在一名董事会成员家中进行的一次私人艺术品收藏之旅。几年前，在佳士得拍卖行的一次午餐会上，我就坐在这名女董事会成员旁边，在那前一天，我突然被男友抛弃了。我的心当时好像真的碎了，我仿佛永远也过不去这个坎儿了，我觉得自己快要死了。在坐下来吃午饭时，我没有和她谈论下一个将要被拍卖的绝妙艺术品，因为整个午餐时间里我都泪流满面。在我感觉我的整个世界都要崩溃了的时候，我还是努力控制住了眼泪。很职业，对吧？她很耐心地听我诉说着，给了我一些关于分手后该做什么事情的建议（喝红酒，吃巧克力，重复这么做）。当她看到我的眼泪已经把我膝盖上的餐巾纸浸透时，她就把她的餐巾纸递给了我。以往我通常会这样介绍下一件拍品：你将有机会到一处美丽的公寓去享受一趟私人之旅，令人惊艳的艺术收藏品、鸡尾酒会，应有尽有。但是这次我没有用那样的方式介绍，我告诉观众，显然这位女主人拥有惊人的艺术收藏品，她住在漂亮的公寓里，还会为你提供美味的鸡尾酒会，但更重要的是，她是下一个奥普拉①。你如果需要人际关系方面的建议，需要好好倾诉一番，或者想知道在恋爱中被抛弃之后该怎么办，那么就和她一起度过一段黄金时间吧，这将是你的一次大好机会。我知道这对刚刚失恋的人来说是一个绝佳的机会——我真的知道。

在销售中采取的小小改变——把我自己生活中的一些经验加入拍卖——让观众停止了交谈，开始聆听。就在那一刻，我恍然大悟。我的心里一下子释然了。我应该用我自己的方式销售，用本色

① 奥普拉，美国脱口秀主持人，人称“脱口秀女王”。——编者注

的我去销售。我为什么要介绍那么多枯燥乏味的拍品细节，而不是为面前的观众讲故事呢？从任何意义上讲，我都是一个说故事的人。当我试图阐明一个观点时，我就用故事的形式呈现。人生。故事。设计一个好的开端，加上有意思的主体部分，再加上全凭个人发挥的高潮性的结尾，有这样的故事，一切就都变得更好了。

我拍卖的商品需要故事，这正是我之前拍卖时缺少的。

第一件拍品卖出了预估金额3倍的价格。那正是我一直期待的结果。

“女士们，先生们，下面是第二号拍品……”第二件待售拍品是在墨西哥的一栋大房子里度假，那里有很多间卧室和浴室，有一个超大的游泳池，还有一位私家厨师。我没有把房子的细节一一列出，而是打趣似的讲了我在大学时到墨西哥旅行的事，告诉他们中标者是多么幸运，不用像我那样在旅行结束的时候在“青蛙先生”旅店的滑梯上度过最后的假期。由于我在墨西哥的这件拍品里多讲了几个笑话，我注意到人们都自动把椅子转向了舞台。这是个好迹象。我谨慎地向前推进这场拍卖，又多加了几个笑话，提到了几条我喜欢的台下的女性竞拍者穿着的裙子，拿观众和与他们长相相似的名人做比较，给那些太害羞以至于不愿意告诉我名字的观众编个外号——我把这些环节都编排进了拍卖会。我开始和观众对话，而不是对观众讲话，然后把我在房间里注意到的细节糅合进拍卖，只有这样观众才能参与进来。我越是意识到在我说话的时候人们不再交谈，而是真正地听我说话，我就越是活跃；我越是活跃，观众们就越是开心。

拍卖会不再只有数字和无聊的旅行细节，它包含关于在隆冬季节到加勒比碧绿的海水中度假的幻想。与名人在一起的无价经历不再只是一段经历，而是你希望可以在和乔治·克鲁尼共进午餐的时候遇到你高中的“友敌”，或（恰巧在社交媒体在现场时）因为一张与布拉德·皮特外出吃饭的照片，粉丝数量从只有 5 个飙升到 5 500 万个。当然，可能粉丝数量涨到 5 500 万有点儿夸张了，但至少能涨 100 个粉丝吧。我把焦点从我销售的东西转移到我销售的目标客户，这样一来，观众总能参与其中。拍卖不再仅仅是拍卖，而是变成了一个故事，而观众就是故事的一部分。不管是否参与竞拍，每个人都喜欢被关注。即便拍卖师只是会为了让竞拍者积极参与竞拍而说出一句恭维话，人们也希望拍卖师关注的那个人是自己。当人们发现自己真的参与了这个游戏时，他们的注意力一下子就能集中到竞拍上了。拍卖结束后，我走下舞台钻进一辆出租车，窝在后座上，任感冒的症状——战栗、高烧再次来袭，然而我却满心欢喜。按自己的方式去做销售——这就是我多年来一直渴望的销售方式啊！

那个拍卖季还剩下 25 场拍卖会，我有足够的时间来练习我的新方式。再见了，那个一本正经的拍卖师形象，冒牌的英国口音，拍卖台后的端庄仪态。那天晚上，我在船屋酒店所看到的一切并非偶然。当我在台上以真正的自己做推销时，观众的反应是不同的，我被观众这种不同的反应深深吸引，我感觉很兴奋。主持拍卖不再是因为我不想一个人吃外卖而不得不走出公寓去做事。拍卖舞台变成了我迫不及待想尽可能多次返回的地方，在这里我能练习这项新发现的技巧。随着我主持的拍卖次数越来越多，我意识到，使用一点儿我祖母和我母亲经常用的带有南部魅力[①]的技巧，可以更好地抓住观众的心，甚至能使我在一些看起来无法取胜的情况下扭转局面。大量使用笑话可以戏剧性地增加拍卖额，也能持续吸引观众的注意力。事实证明，让人们发笑也会让他们想花钱。笑声能把人们聚在一起，吸引他们，让先前令他们觉得枯燥乏味的事变得新鲜有趣。最重要的是，笑声也能让他们保持安静！我经常站在台上面对500到5 000名观众，所以我不管说什么都要引起他们足够的兴趣，才能让他们不再和同桌的人交谈——我一贯喜欢用幽默的而不是令人震惊的方式来吸引他们的注意力。

显然，这样做会让我在舞台上更加开心，观众也会更关注我。像通常那样，这样做的最大好处体现在收益上。我筹到了比那些组织之前在拍卖会上筹集的多20%、30%、40%甚至50%的资金。我又回到了过去几年我参加过的拍卖会，超越了之前的销售成绩。随着我采用与以往不同的销售方式主持拍卖的消息在非营利组织中传开，我开始收到越来越多的邀请。我们的顶级客户发来邮件，问我们的高管能不能让我主持他们的拍卖会。他们不仅注意到了我，还开始把我推荐给他们的顶级客户。

---

① 这里的“南部魅力”指美国南方人友好礼貌的特点。——译者注

我现在掌控舞台的方式与15年前我刚开始主持拍卖时的方式完全不同，我现在主持拍卖是透过我人生的棱镜进行销售。我的销售方式是随着我生命历程的进展而变化的。当我二十多岁在船屋酒店参加那场拍卖会的时候，我还是一个被男朋友抛弃了的单身女性。观众中会有人（无论男女）和我一点儿相似的地方都没有吗？建立联系，分享，给观众10秒钟来了解我的人生，这让他们觉得我就在他们中间，和他们是一样的。我每年都会回到这些组织来参加它们的拍卖会，我愿意把自己当作额外的一个客人，以防竞拍者在一个50人的聚会上没有朋友。当我的妹妹或弟弟作为客人陪我去拍卖的时候，我会打听竞拍者是不是单身，然后我就会让我妹妹或弟弟跟他们一起坐。我的一些朋友甚至会主动要求陪我去参加拍卖会，希望碰碰运气让我给他们介绍一些单身的竞拍者。当待拍卖的旅行的目的地是我去过的某个地方时，我就会快速地整理出我个人关于那个地方的故事或评价——去哪里吃好吃的，去哪里喝酒，不要做哪些事情。我有3个孩子，当我怀着每一个孩子主持拍卖的时候，我的销售技巧是依靠所有女性观众的同情心来迅速筹集资金，告诉观众只有快点儿筹到资金我才可以走下台，休息一会儿。当我的第三个孩子出生4周后，我又开始主持拍卖会了，你应该能想到，我那时就会告诉观众，我能否尽快回家照顾孩子完全取决于他们。在舞台上的时候，我希望每个参加拍卖会的人都能玩得开心，不管是招待客人的服务员，还是参加活动的客人，或者是房间里出价最高的竞拍者。2018年我去西普里亚尼华尔街饭店参加拍卖会的时候，在那里的衣帽存放处工作的那位女士接过我的大衣，对我竖起了大拇指，并对我说：“你来主持拍卖了。”这是真的。人们都喜欢让我上台！

写到这里，我知道99%的读这本书的女性不会想要走上台去主持拍卖。或者这可能真的是你的梦想，那我希望你彻底打消这个念头。但是对于其他的人，你可能觉得你的人生、你的工作，或者甚至你的面试结果都不尽如人意，那你就得考虑一下自己和别人交流的方式了。我无论是在台上销售，还是在佳士得全职管理一个叫作“战略伙伴关系”的全球性部门，我学到的是，只有当你以真实的自我去与人交流时，人们才会关注你。人际关系之于销售和商业之于销售同样具有重要的作用，所以你在销售时感觉越自然，别人就越有可能相信你说的是真的。在推销东西的时候，我会把那个商品放在一个故事的框架里去介绍，或者冷不防地插入一句俏皮话——正如你所知，这是一个吸引观众的好方法。能够以一种看似自然的方式来推销东西，这让我感到很自在。当你以一种真实的方式展现自己时，人们就会关注你。

当我告诉你“展现真实的自我”时，我想让你思考一下如何在日常生活中运用这个建议。请你仔细观察在你推销或演讲时人们的反应。当你说话时，他们的眼睛是否闪闪发光？他们在看手机吗？他们会在你说话的时候不断点头，但当你停止说话的时候，就连说再见的意思都没有便转身离开吗？接下来，请思考一下你是如何做销售的。你学到的销售方式是什么？当你试图了解你的销售对象以便理解他们的需求时，你会表现强烈的目的性吗？当你的朋友们说你最大的本事就是耍小聪明的时候，你会表现得非常严肃吗？你是不是就像我在舞台上的头五年那样，在扮演一个和你本人完全不同的形象？记住，为了让别人相信你，你必须相信你自己和你所推销的东西。假扮他人需要花费精力，而我更愿意用这种精力来琢磨怎么做好销售。

最强大的女人，在向别人推销自己和自己的愿景时是真实的。她不畏惧展示她真实的自己及她取得的成就。她相信努力工作和实践最终会帮助她收获生活中她想要的一切。她知道，当她相信自己所推销的东西，并且以她最好的品质，即她的个性，去带领人们踏上她的销售之旅时，人们就会信任她。

她们的现在就是你的将来

——如何打造个人形象

米娅·康

模特，激进主义者

从 13 岁开始，我不断地、近乎残忍地用饮食和躯体变形障碍折磨自己，就是为了让自己看起来更好看，这主要是受时尚圈和社会风气的影响。如今，我能够无视这些苛刻的标准了，但是作为一个曾笃信它的过来人，我觉得我有责任和义务尽我所能来纠正这种做法，这样下一代女孩就不必再经历我所经历的痛苦了。

我努力向时尚圈证明，今天站在他们面前的健康、坚强、受过教育、有见解、有安全感的女性才是我们在广告牌和杂志上需要看到的形象，而不是那种全照着一个标准打造出来的没有安全感、不健康的女孩形象。那种模特形象早已过时了。我们有足够多的榜样——女性迫切需要一些榜样。

当我学完泰拳回来的时候，我比以前更加健康，比那些标准化的模特更加强壮，我需要向一个不习惯看到我这种身材的世界推销新的自我。我就是这样把自己推销给我需要向其推销自己的第一个人——我的经纪人的。

“听着，这就是我。我现在很健康。我现在很开心。我有故事要讲。我看到了一个问题，而且我想我们都看到了这个问题。我们需要向女性证明，女性应该保持健康、自信，不再让内心的不安全感压垮我们。重要的是你是什么样的女性，而不是你身材的胖瘦。我想成为那个证明给她们看的人。”

我屏住呼吸等待她的答复。

她说：“让我们开始吧。”

玛莎·斯图尔特

艾美奖获奖电视节目主持人，企业家，畅销书作家，美国最值得信赖的生活方式专家

我一直把自己当成一名老师，我坚信，为了教授知识，我必须真正投入地学习我所教的内容。这同样适用于做销售和推销自己。你必须彻底地了解你销售的内容。要对自己有信心，并做到坚持不懈。无论别人是否喜欢你，你都要有足够的信心继续前进。寻找周围的机会，从你自己的专长开始做起。捍卫你的想法，但不要钻牛角尖。成功很少完全按照你想象的形式出现。

最强大的女人

会 ······

3

告别“佛系”

如果在二十多岁的时候，我每告诉别人一次我爱我的工作，我就能得到1美元，那么现在我在照片墙（Instagram，一款运行在移动端上的社交应用）上分享的就会是私人飞机的照片，而不是我乘坐达美航空经济舱的照片了。虽然我很擅长做我的工作，但我却忘了公司其实也是一个大型的组织，换句话说，我忽略了我作为一名职员需要在公司内为自己争取权益。我本以为，如果我能谦虚低调，好好工作，对内对外都做一名优秀职员，那么肯定会有人注意到我并提拔我的。我没有意识到的是，一个人仅仅擅长做自己的工作并不意味着他能够获得匹配得上他的能力的薪酬。

在我二十多岁的时候，工作就是我生活的全部。我每天工作10到14个小时，每周工作6到7天，每年工作11个半月。在纽约，不停地工作是当地文化的一部分，在我参加工作一年后，我们的小团队已经完成了500多个项目，而这在纽约似乎也不算什么不寻常的事。不停地工作使我对自己的工作了如指掌。有空的时候，我会在哈德孙河公园的跑道上进行长跑，但除此之外，我很少离开办公室。在我工作的最初5年里，我担任部门协调员，与项目团队的每个人密切合作。在此期间，项目团队的经理和部门主管在半年内相继辞职去找别的工作了。没有人会放过这样一个好机会，我立即游说公司领导，争取部门主管的职位。虽然领导们对于是否在公司内部开展选拔面试进行了很多次商讨，但最终他们觉得我是唯一一个有足够经验、能胜任这个职位的人，所以在我26岁的时候，我被提拔为佳士得美洲区的特殊项目部负责人。

在拍卖行业，招待客户是非常重要的，因为我们的客户都是世界上最富有的人。一年中你会在同一个房间里很多次地招待亿万富翁、名人和世界各地的领导者，理所当然地，公司对每一个这样筹备出来的活动的期望值都极其高。我这么年轻就被提拔为部门主管，所以我想确保人们能认真对待我，这对我来说就意味着我必须第一个进入会场，最后一个离开会场。我的父母总是向我灌输保持强烈的职业道德感的重要性，同时告诉我，只要我自己能做到这些，我就可以做成任何事或成为任何我想成为的人。我每天上午8:30准时到达办公室，以防我们董事长打电话来询问那天谁要出席活动或者我们将为当天的活动提供什么样的服务（他喜欢在上午8:30打电话这样问）时无人接听，我为我能做到这些而自豪。到晚上，我会一直等到最后一位客人离开招待会或晚宴再回家或出去见朋友，确保给客户提供一次完美的体验。我待在办公室里的时间太多了，以至于我把私人生活完全融入了工作。我逐渐把我的工作和公司当成我另外一个家了。

我如此热爱我的工作，深深崇拜我的老板，以至于当老板告诉我说，我应该为自己能为“这份工作的迷人魅力”而工作感到激动时，我对他的话深信不疑。每次当我鼓起勇气要求加薪时，他都会亲切地提醒我，能在佳士得这家全球领先的拍卖公司工作是多么幸运，世界上有多少女性拼死拼活都想得到我这份工作。我不仅相信了他的话，我还跟我的团队讲了同样的话，延续着这个虚构的神话。我从来没有想过我应该质疑这种想法，也没有想过我在很多个深夜辛苦工作锻炼出来的一套技能是值得额外补偿的。我是幸运的！我应该为自己能有机会在佳士得工作而感恩。所以，当我被提拔为项目负责人时，我并没有想过要为我没有得到满足的那点儿微不足道的加薪要求而提出异议。我收获了一个重要的头衔，如他所说的，我是在为这份工作的迷人魅力而卖命。

所以，请仔细听好我说的这些话，因为我想让你完全明白这个道理。无论你多么热爱你的工作、你的公司、你的角色，只有争取到你应得的报酬，你才算得到了足够的补偿。你可以成为你所在领域里最聪明、最强大的人，但是你也是唯一能为你最终获得多少薪酬而去尽力争取的人。我希望所有人每天都能找到一个让自己有动力去付诸行动的理由，无论是工作的地方，还是你创立的公司，或者仅仅是一个你必须实现的想法。但是请相信我的话，你的公司里有人通过工作赚到了钱，如果你工作得很出色，那你也可以成为这个人。找到一份工作已经挺不容易的了，能被高薪聘用更是难上加难。但是，如果你的绩效考核一直都很优秀，你总是受到表扬，或者你仅仅是觉得你做的已经超过了最初入职的岗位要求，那你就要了解一下别人在你这个岗位能挣多少钱，这样才会避免你挣的钱比你应得的少。我的意思并不是说你两周前才来上班，却认为自己应该加薪。我的意思是在你投入了时间，学会了工作技能，然后开始以比你最开始受雇时高得多的水平工作后，你就可以认为自己应该获得加薪。如果你对此半信半疑，你可以询问你的朋友甚至同事，请求他们给你中肯的建议，看你是否应该争取加薪的机会。不要问那些总是顺着你说话的人，你要找那些能诚实地给你建议的人。

我在佳士得摸爬滚打了大约10年，才获得了这个经验和教训。到了我那个阶段，我大多数朋友都已经进入职场10年左右了。他们中的很多人要么已经身居要职，要么从一家公司跳槽到另一家公司，获得了更高的职位和更高的薪酬。我可以代表我们大多数的团队伙伴表达心声，那些年的时光很有趣也很奇妙：我们当时很年轻，大多数人都未婚，因此可以随心所欲地参加彼此的工作聚会，一起合作，一起旅行。为了能在市场竞争中拔得头筹，我们疯狂地加班。我在特殊项目部工作了10年，其中有4年担任部门主管。我对我的工作了然于心，可以闭着眼，背着一只手，在另一个国家通过视频会议的方式完成工作。我得到了公司高层领导的信任，并创建了一支强大的团队，这支团队在高要求、高强度的工作任务下，仍然能始终取得优异的成绩。某个星期天，在我吃早午餐的时候，我告诉我的朋友们，我的室友失业了，要搬出公寓。下个月我得再找一个室友，我让他们帮我联系看看有没有谁想换地方住。几乎每个人都围绕我的境况给了几条建议，但有一个朋友在整个谈话过程中都没有说话。用餐快结束时，她对大伙儿说她要宣布一个激动人心的消息：她打算自己买一套一居室的公寓。虽然我表面上也是为她感到高兴的样子，甚至主动提出在她搬家后要带一瓶酒去祝贺，但我心里还是受到了打击。我原以为我们处境一样，都靠着微薄的薪水生活，而工作能带来经验，让人振奋，这又让我们感觉有所收获。当你可以免费享用工作中的鸡尾酒餐时，谁还需要买食物呢？我住在一套一居室的公寓里，我和我的室友给房间做了隔断，这样就能分出两个卧室。这是一套没有门卫和电梯的公寓，我无论如何也买不起这样的一套一居室的公寓。我把一半以上的工资都用来付房租了。我当时一个字都说不出来，我感到非常难受。但是说实话，我怪不了别人，只能怪我自己。我得到了当初找工作时所要求的一切。我感觉很受伤，也很尴尬，但最重要的是，这最终激发了我的思考：我所做的工作是否换得了足够的报酬？

学会提要求

尽管我受到了启发，但当时我并不知道从何做起。换在今天，你可以打开网页搜索大量关于薪资对比的信息，但十年前，我用我的电子设备根本找不到那么多有用的资源。于是，我就从我熟悉的市场调查开始做起：询问同行的薪酬，也上网询问他们在相关行业的朋友的薪资情况。起初，这种方式显得很不自然。以前我总是听别人跟我说谈钱太俗，但这次我真的不在乎了。不久我就意识到，跟这个领域职位和我相似的大多数人相比，我挣的钱还不到他们的一半。然而，真正让我痛心的是，在这段特殊时期，佳士得人力资源部门换了一个新的主管，我和他的关系很好，当时是我把他培训为慈善拍卖师的。一天下午，他把我拉到一边，对我说："你看，我们真的应该谈谈你的薪酬问题了，你的实际薪酬远低于你的市场价值。"

我回到家，坐在床上，开始哭。我不明白哪里出错了。我尽我所能地努力工作，对工作兢兢业业，做我应该做的一切。为什么没有人注意到呢？

现在我可以来告诉你为什么。

因为我没有提过要求。

没有提过任何要求。

别人给我什么我就接受什么，还礼貌地说一句"非常感谢"，然后就不假思索地继续工作。我为什么要考虑或者要和别人谈论钱的事呢？我成长在一个有礼貌的家庭，我从小被教导的一件事就是，我不能谈论金钱。在和同事谈话时我不应该提起钱这个话题。为什么？因为这是很不礼貌的。这会让人觉得你麻木不仁，会让人不舒服。如果你没有真正明白你为什么需要钱，或者钱有什么用，或者为什么了解钱这件事如此重要，那么你就应该忽略它，把它留给别人来处理就好了。

现在请点击“全选”，然后把这一整段内容从你的大脑中抹去。

学会理财——如何用钱，如何消费，如何赚钱，如何省钱，如何让钱生钱——是你一生需要做的最重要的事情之一。这无关你的身份，不管你是家里的当家人，还是工作中的老大，还是一个有很多想法的“大咖”。不要因为你是一个女人，或者因为你嫁给了一个很会管钱的老公，或者因为你的父母仍然可以照顾你，或者因为你把提醒你你的信用卡最低消费额上升的电子邮件删除了，你就可以不用考虑钱是怎么进来，又怎么出去的。只有你自己能对自己的财务安全负责，你需要让自己学会理财，让自己理解良好的财务状况意味着什么。如果你的经济状况很好，并且你对这段话也表示认同，那么你可以观察一下身边的人，你可以把这个经验应用到那些你认为可以从“金钱 101”① 对话中受益的朋友身上。能与不了解财务健康重要性的朋友们展开对话是一件需要极大天赋的事，他们当中的许多人可能不敢问问题，因为他们觉得自己应该已经知道答案了。帮助朋友了解金钱在生活中的重要性是你能给他们的最好的礼物之一。的确，金钱就是力量。但是在生活和工作中，关于金钱的知识更有力量。

在我担任特殊项目部负责人之前 3 年，我参加了一个速成班，学习金钱的重要性。当我正在参与筹备一场盛大的针对纽约时装周及我们即将举行的当代艺术品拍卖会的项目启动派对时，我的老板

① 美国大学各学科的介绍性课程的编号是从 101 开始的，101 意味着学习基础知识阶段。——编者注

把我拉进他的办公室，告诉我雷曼兄弟公司快破产了。当时我不知道这是什么意思，但从他脸上的表情，我能看出来这不是什么好事。似乎一夜之间，金融世界突然就停摆了。正如当时大多数公司的情况一样，领导告诉我，考虑到当前的经济形势，我们会立即削减拍卖活动的数量，所以我需要解雇一名我们团队的成员。问题是，在经历了多轮裁员之后，我知道，在市场状况最终好转之后，我的团队规模也不会再恢复到原来那么多人了。这意味着到时候我们仍然要完成数百场活动，而工作人员则只剩两名。我也知道，尽管市场低迷，我们也不可能完全停止举办拍卖活动。我们会继续做销售，这意味着我们会继续举办拍卖活动。我向老板提出了一个想法：我已经联系到了很多公司，他们会给我们提供资金，作为回报，我们会把他们的品牌印在我们的邀请函上，邀请他们的一些客户参加我们的活动，并允许他们在活动中与我们的客户见面。我告诉老板，只要能保持我的团队人员不变，2009 年我不会使用公司分配给我们的活动预算，而是让其他公司为我们的每一场活动提供赞助。他给了我 6 个月让我证明我能够兑现自己的承诺。

我准许团队成员各显神通。为了完成工作任务，他们需要把每一场活动当成一幅拼图，然后努力找出所有的部分来完成这幅拼图。我们需要有人承担活动各个部分的花费：邀请函、食物、酒水、场地租金。对于我们的传统赞助商（银行、时装公司和汽车公司）来说，那是一段艰难的时期，但总会有一些小公司想要让它们的目标客户知道它们的名字，尤其是当它们的营销预算很少的时候。我们联系了新开业的热门餐厅，请他们免费为我们提供食物和人手，作为交换，我们可以在我们向整个城市的顶级客户发出的邀请函上面为他们打广告。我们联系公关公司，让他们帮助我们找到一些期望打开市场的新开的制酒公司，给他们提供机会把他们的产品放在我们活动现场的中央楼梯间的显著位置上。我们主动给一些新创立的印刷公司打电话，请他们为我们的活动制作邀请函，这样他们就有机会把自己的产品送到目标客户手中。6 个月过去了，我们没花公司预算的一分钱，到年底，我们还实现了盈利。在接下来的两年里，我继续用同样的方式管理着这个部门，尽管金融市场状况逐渐有了好转，但这种方式依然有效。我们继续赚钱，然后赚的钱越来越多。说出来可能让人觉得很不可思议，但是我从未想过因为做成了这件事，自己应该得到任何形式的奖金或补偿。还记得前面说过的，我为公司的荣耀而工作，为工作的迷人魅力而努力吗？在和朋友们一起吃早午餐的那一刻之前，我从来没有想过，我应该挣一笔可以让我买一套公寓的钱。我也没有想过，我把一个通常都是亏钱的部门变成了一个增收的部门，我应该因此而得到奖赏。我只是因能让我的团队得以保留，并且从公司高级管理层那里得到一句“干得好”的称赞而感到很高兴。

要摆脱 3 条“学生思维”

我不想让你犯和我同样的错误，所以我想给出三条建议——

我多希望在我刚进职场的时候有人告诉我这样的建议啊，这样我可能就是那个在那次早午餐时间宣布要买一套一居室公寓的人，而不是躲在被窝里哭泣的人了。当你考虑如何争取和你工作匹配的报酬时，请记住以下这些事情：

1. 你的公司是在做生意。说到底，一家公司的成功就是进账的钱比出账的钱多。公司想要的是更多的收入、更少的支出，所以公司最终会付给你你能欣然接受的最少的工资。我不想说“你的公司只是没那么喜欢你”这样的话，但涉及向你付钱的时候，你的公司对你的喜欢仅仅会达到能留住你的程度而已。
2. 抛开情感。如果你很擅长你的工作，那么你应该得到你应有的报酬。如果你和我一样爱哭，你可以在你开始任何谈判的前一天或者前一晚看一些可以让你哭的东西。别误会我的意思。我非常尊重哭泣，我认为这是人类的一种很奇妙的行为。但是在办公室里，你不应该哭泣。你需要提前让你的情绪发泄出来，这样你就可以像老板一样自如地谈判了。
3. 不要道歉。多年以来，一到绩效考核前后，我的团队里就会有很多女同事来到我的办公室对我说：“对不起，我想问一下……”你不应该感到抱歉。如果你值得加薪，我很乐意为你争取。我只是想知道你的诉求是什么，以便让我在去找人力资源部的相关负责人的时候告诉他们你的真实诉求。在

> 某些情况下，我也许不能为你争取到你想要的，但我一定会努力去争取。如果我认为你还达不到升职的条件，或者我觉得你在工作中还没有达到应该得到额外报酬的程度，我也会如实告诉你。即使那个时候他们没有满足你的要求，你仍然是在为你将来想要的东西设立一个期望，其实你是在告诉他们，当你业务精进的时候他们应该想想拿出什么奖励你。但是你也要做好准备接受那些你不想听到的消息：你做得可能没有你认为的那么好。虽然听到这些会让你觉得心里不好受，但是你可以借此弄清楚为了实现目标你需要做到什么。真相可能不容易被接受，但是听到的好的、坏的或让人厌恶的一切消息，都能帮助你调整行动，从而获得加薪。

即使生意失败了或者对某件事的结果不满意，我也不会因此而心灰意冷，我为自己能做到这一点而感到自豪。我会尽量做到不贸然下结论，也不做冲动的决定。相反，我更喜欢坐下来，花时间制订计划，然后有条不紊地规划出计划的每一步，这样我就能对可能会出现的任何难题有所准备。然后我就会执行计划。

经过一番认真的内心思考后，我得出了这样的结论：我在我喜欢的公司做我喜爱的工作已经整整十年了，我不想离开这里。但是，我希望我做的工作能得到应得的报酬，甚至达到更高的目标——我想为公司创立一个新的部门。

但是，在此之前，我需要做一些调查，进而制订一个计划。在与同行及人力资源部新主管交谈之后，我觉得是时候去看看我在招聘市场上的价值了。我听说了一个世界顶级奢侈品牌招聘公关主管的消息，该岗位要求应聘者在活动策划方面有丰富的经验。我仔细查看了岗位描述，认为我能满足这个工作的要求。我投了简历，然后立马就接到了这家公司人力资源部负责人的电话，她让我去面试。我在去见她之前，对这个公司进行了一定的调查研究，还准备了关于这份工作、这家公司、对这个职位的期待等一系列问题。面试进行得很顺利，在我们约定的面试时间快结束时，她问我能否见一见他们的总裁，他下周要离开公司去进行一次长途旅行。就这样，我坐在他办公室外面等着，直到最后他和里面的人会谈结束，我才发现他刚刚是在与贾斯汀·汀布莱克[①]会谈。没错，就是贾斯汀·汀布莱克！我当时激动死了。

贾斯汀走出办公室后（我激动得差点儿晕过去），总裁助理把我叫进总裁办公室，我们便开始讨论这个职位的情况。他很坦诚地介绍了该职位的工作时间、出差、紧张的工作性质等情况，但更重要的是，他也很坦诚地谈了薪酬问题——几乎是我目前工作收入的 4 倍。

正是我的朋友们帮我点燃了希望。

起初，我对每个人都有怨气：我的公司，我的老板，还有其他任何知道我的工作才能却不替我声张权益要求补偿的人。但是说实话，我只能怨自己，因为我没有足够的自信去预料到自己值得更

① 贾斯汀·汀布莱克（Justin Timberlake），美国著名歌手、音乐制作人、演员、主持人、商人。——编者注

多，更没有坚持去争取应有的报酬。我怨我自己，因为我从来不向周围人征求意见，我太骄傲了，不愿意和我的朋友谈论薪酬问题。如果几年前我就开始和朋友们讨论这些问题，我就会意识到我得到的报酬实在过低，那样一来，也许我就可以在更早的时候和公司谈薪资的问题了。这是在纽约工作了 20 年的过来人的经验教训：你为自己争取了什么，你就会得到什么。如果你想要得到某个东西，你必须具有热情，并且投身于不断创新和提升自己，然后你必须为之努力奋斗。我可能会找到替我伸张权益并指导我的人，但是我必须为我的目标制订计划并付诸实践，这样他们才能在我实现目标的过程中帮助我。

虽然我仍然很喜欢项目负责人这个职位，但我厌倦了白天高强度的项目活动加上夜间慈善拍卖师工作这种紧张的工作节奏。我已经准备好做一些改变。我发现，如果我想争取到我应得的加薪，那同时我也得进行相应的职业转型。我周围的大多数人还在哀叹股市一夜之间骤跌，金融世界被搞得天翻地覆，而这时候我需要推动我的团队采取行动，继续发挥我所创造的强大势头。我给一个被命名为“战略伙伴关系”的新部门制订了一项商业计划：在我于 2008 年曾使用的商业模式的基础上，这个部门可以为佳士得建立大规模的全球伙伴关系。但是，这次我的计划是实现数百万美元的创收，而不是小额利润。从表面上看，这个计划是把一个服务部门变成一个盈利部门。公众是很认可佳士得的品牌的，所以我想利用品牌知名度为公司赚钱。

握紧筹码，去谈判，去争取

我的这个想法一被证明具备可行性，我就开始寻找推进这一想法的最佳方案。我看到在通往成功的路上有一块潜在的绊脚石，那就是我崇拜的老板，他深信我们为佳士得工作就是为了荣耀而战。我知道他不用为他自己争取加薪，所以我觉得他很难认同我为了争取加薪而探索的新模式。我需要找到其他人来评价我的计划，并告诉我他们觉得我的计划是否可以实行并推广。我们公司的 CMO（首席营销官）是最近加入公司的。从他办公室的大小和令人钦佩的简历来看，我确信他不是为了任何品牌的荣耀而战，而是为了自己而奋斗的。那个月的晚些时候，当他从伦敦回来时，我跟他约好占用他 15 分钟来说明我的想法。我为这次会面做了充足的准备，准备的方式和我建议你们为面试或会议做准备的方式大致一样——做足准备，尽量预判可能出现的任何问题，列出一份简短的关于行动要点的清单，这样我就可以让他对我的想法感兴趣。令我非常兴奋的是，他赞同我的这个想法，认为这是可行的，并就如何在公司内部推进给了我切实可行的建议。但是我的上级并不是 CMO，所以我的下一步就是争取从我现在的老板那里获得升职和加薪。

当我的老板从伦敦回来时，我让另一位同事（他和老板是好朋友）跟老板随意提一下，就说他听说我在面试另一份工作。虽然我还没有收到那家公司的书面聘用通知，但是我很有信心他们会聘用我，只是还没那么快。我们距离 11 月的盛大销售季还有两周，而我有三个新成员一年前刚刚加入我的项目团队。当时的活动团队中没有其他人拥有开展项目所需要的联络人、合作关系和个人知名度。简而言之，只有我最有能力。正是因为我知道我具备这些能力，所以我毫不胆怯地去和老板谈判了。

当我开始实施计划时，我现在的丈夫（当时是男朋友）不止一次地问我："你不紧张吗？如果他们什么条件都不答应，你怎么办？你接下来会怎么做？"说实话，在我找到一份能满足我的要求的新工作之前，我无论如何都应该留下来。但是那时候这个计划对我太有吸引力了，如果失败，我会坚定地离开，决不回头。

作为一名有 20 年经验的拍卖师和 3 个孩子的母亲，我可以告诉你一件事：当别人有某样你没有的东西时，你总是希望自己也能得到那样东西。我需要让老板知道，我做好离开的准备了。

是时候开始为最重要的品牌荣耀而奋斗了。

这个品牌就是我自己。

我的老板叫我进他办公室的时候，我已经确定了以下几点：

1. 他已经知道我去另一家公司面试了。
2. 我们公司的 CMO 已经确认了我的商业计划很可靠，他支持创立一个新的叫作"战略伙伴关系"的部门。
3. 我知道其他的奢侈品公司给同样的职位付多少薪酬。
4. 佳士得距离活动旺季只有两个星期了，而那个时候只有我一个人能够执行这些高规格的活动，并实现让总裁满意的营收。

我和老板的对话是这样的。

老板："我听到了一个可靠消息，消息说你到另一家公司面试了。"

我以一种好像自己就是一位老板的口气回答说："是的，另外一家公司给我提供了一个岗位，他们让我两周内上岗。"

说实话，那天我在走进他办公室的时候，本没有打算吓唬老板说有公司给我工作机会，更别说再附加一个虚构的到岗时间了。但是坐在他对面的那一刻，我知道，我现在不说，以后就再也不会有这样的机会了。

就像我的家人经常说的："要么就大胆做，要么就走人。"

他的脸变得煞白，然后转红，接着又变得更红。他坐在那里盯着我看，然后他问了我一个问题，这是我一直都期待听到的。

"我要怎么做你才能留下来？"

我做梦都在等这一刻，我一直在为这一刻的到来做准备，因此我开始讲我一系列的要求。

"我想成立一个名为'战略伙伴关系'的新部门，这个新部门需要一支全球性的团队来支持。我想要一份与我的新工作相称的薪水，还有'战略伙伴关系'部门全球主管、高级副总裁的头衔。"

在接下来的15分钟里，我概述了我对这个新部门的愿景。在我的陈述快结束时，他只说了一句："我给人力资源部打一通电话，今天就会给你回复，到时候我们会让你知道为了让你留下来我们能做到什么。"

我和他握了手（因为当你占据主导地位的时候，你会让谈话尽可能地正式），走出他的办公室，经过我办公室的门，走出佳士得的前门，然后继续走。走着走着，我的眼泪开始顺着脸颊流下来。这是喜悦的泪水。

他说到做到。当天晚些时候，他给我打了电话，我、我的老板和人力资源部主管坐在一起，然后他们告诉我他们可以为我做到的事：

1. 他们赞同我关于成立“战略伙伴关系”部门的想法，也会让我创立这个部门。
2. 他们能给我的工资尽管不能和另外那份“工作机会”给的一样多，但是会尽量接近（这相当于我原来工资的3倍）。
3. 他们愿意给我这个部门负责人的头衔，但是要在我签下第一个客户之后，他们才能让我担任这个部门的全球负责人。

人力资源主管将一张纸放在桌上，上面写着所有的数字和他们同意的条件，然后说：“所以，第一步是我们答应你的所有条件，第二步是在你签下第一笔生意之后，我们就会给你这个全球主管的头衔。”

那一刻我的内心真是五味杂陈。我在去老板办公室之前已经盘算好了。我知道如果我得到了我要求的加薪，那我就不必再找合租室友了，我自己就住得起一套一居室的公寓了。我也明白如果这场谈判失败了，那我可能就失业了，但是我知道如果我不全力争取，那我永远也不会原谅自己。

我有礼貌地笑了笑，摇摇头说：“不，不行，因为没有第一步和全球主管的头衔，就没有第二步。”

老板发出了颤颤的一声“啊”，然后人力资源主管说：“我马上回来。”

一个小时后，他打来电话说：“新工作、新头衔、新薪水，今天晚些时候你可以过来签一份新的合同。”在我签了新合同后不久，我给我那栋楼的房屋中介打电话，告诉她我要自己租房了。那真是一种无法言说的感觉。我通过谈判得到了我应得的东西，并且为我想要的东西做好了准备。

现在回想起来，等到手头已经有工作机会再去谈判可能是更稳妥的方法，如果你不确定自己能否找到其他工作机会，那我一定会推荐你选用这种稳妥的方法。虽然“最强大的女人”是坚强和自信的，但是她也需要基本的经济保障。但是有时候在生活中，你不得不去争取你应得的报酬，同时要相信你值得你所要求的东西。

几年后，我当时的老板和人力资源主管都离开佳士得另谋他职了。有一次，我在一场年中晚宴上遇到了我以前的那位老板。几杯酒过后，我觉得是时候把当时我所说的那个“错过了的工作机会”坦白交代一下了。听完后他大笑起来，告诉我说，那天我那么坚持自己的立场，他觉得很受触动。他还告诉我，他知道我是认真的，因为这是我第一次在要求某件东西的时候没有哭。

我常常回想起那一天。如果我从来没有进行过那次谈话，如果我没有坚持自己的立场，如果我仍然日复一日地做着我之前的那份工作，同时心里盼望着会有人注意到我，那结局又会怎样呢？

结果很可能是，我还在做同样的事情，谦虚低调，认真工作，和我最好的朋友合租一套一居室的公寓。

那天，“最强大的女人”就是我。我对自己很有信心，我在谈判过程中没掉一滴眼泪，无所畏惧，立场坚定。

所以，下次当你看到你想要的东西，却又不敢去争取的时候，请你想想我的故事。在你的一生中，你争取了什么，你就会得到什么，没有人比你更能为你自己争取权益了。下次当你看到某个你羡慕的人升职了，或者在他所感兴趣的领域里取得成功时，你可以请求占用他几分钟，好好问问他是如何得到他想要的东西的。有时候，为了成功，你需要千百次地演练成功的样子——学习那些前辈的经验，这样能帮助你在谈判或者会议上更加有信心。如果你是一个特别擅长谈判的人，那就请你给那些在事业上挣扎的人提一些建议——有时候，一位上级或你敬佩的人所说的一句鼓励的话就足够激励人了。关于你在生活和工作中值得拥有什么这个问题，真的需要你自己独立去思考。

记住，不要哭，不要害怕。现在就行动起来，去谈判，去争取！

她们的现在就是你的将来

——如何应用谈判策略

杰玛·伯吉斯

作家，编剧

我在二十多岁的时候住在伦敦，一文不名，职业前景、经济前景，甚至（说实话）爱情前景都很不明朗。我会想办法接触那些看起来很自信的35岁以上的女性，请求她们和我会面。我会这样说："如果你愿意告诉我你的人生经历，然后给我一些建议，我可以给你买一杯你喜欢的咖啡。"大多数人都会同意的。每个人都喜欢讲自己的故事。

其中一位女士给了我一个我听到过的最好的关于谈判方面的建议。她说："当你告诉他们你想要的薪水时，如果他们没有发怵，那就证明你提出的价位不够高。"

让他们发怵（这点也可以应用于你的感情生活，是否运用取决于你）。

凯特·哈宾·克拉默

Source Capital 公司总裁

我和哥哥创建了私募股权公司 Source Capital。几年后，我就完成了我的第一宗大额公司交易。那时候我 33 岁。当时我就下决心不仅要被人重视，而且要被别人尊为一个坚韧而有技巧的谈判者。在男性主导的私募股权投资领域里，要做到这个程度并非易事。

我、公司的 CEO 和公司的联合创始人很早就来到一家律师事务所大楼的 50 层进行最后的交易谈判。我们在一间大会议室里等候投资者的时候讨论了一些问题。当谈到他们的盈利分配问题时，讨论变得越来越激烈。突然，他们两个摔门而去，再也没有回来，就留我一个人在那里。我当时很害怕。

我们公司将会从这次谈判中获得很多的收益，这也将是我们实现“第一次突破”的机会。我们的投资者也指望着我们。更糟糕的是，投资方团队即将抵达。本来我们在谈判人数上是占优势的，但是突然之间就只剩我自己要和一个代表企业收购方的十人国际团队进行谈判了。我去洗手间给自己鼓劲打气，我对着镜子告诉自己，我必须保持冷静，假装一切都很好。我知道至关重要的一点是，我不能在投资方面前表现出一丁点儿的软弱。

我没有向他们透露刚刚发生的事，也没有为公司管理团队的缺席道歉，最后我们成功地谈妥了各项条款，完成了交易。

后来我们发现，公司管理层离开会场是一个计划好的策略，目的是迫使我们同意他们的要求。他们打赌说我们会推迟会议，直到他们的问题解决之后才会再次进行谈判。但是，相反地，在没有他们的情况下，我自己将谈判进行了下去，他们也由此失去了他们的影响力。尽管这桩生意对于 Source Capital 来说是至关重要的第一个突破口，但是从很多方面看，独自处理这件事对我来说具有更加重要的意义。这一刻，我终于可以证明，我不仅是最强大的一位女性，也是包括男性在内的所有人中最强大的一个人。

诺瑞亚·莫拉莱斯

美国塔吉特公司的设计合作总监

我说的这个故事不是典型的谈判方面的“成功故事”，但它是一件让我自己觉醒的事。一家大型零售公司给我提供了一个工作机会，它给我提供的职位头衔很“高大上”，起薪是我现在担任的媒体公司编辑的工资的两倍。工资如此大幅度的增加，使我高兴得昏了头，所以我都没想过再和他们进一步谈论薪资待遇，这也违背了我丈夫的建议，他鼓励我争取更高的起薪。我担心那样做的话新公司的老板会生气，会毁约，因为在我看来，谈判会产生负面影响。我接受了这份工作，在自己的岗位上干劲十足，也开始关注自己的价值。

6 年后，我变得更有自信，更能意识到自己能给公司带来独特的专业知识和经验。另外，我也更加熟谙行业标准。最重要的是，我知道什么才是对我和我的生活最重要的（这比起薪重要多了）。不要因为别人告诉你应该争取，你才去争取。你只有在对自己的能力、经验和能带来的价值有充足的信心和充分的了解时，才应该去争取。这需要一定的准备和努力，但结果是你自主地为自己争取了权益。

最强大的女人

会 ●●●●●●

4

敢拼，专治『玻璃心』

如果一开始你没有成功，那就再一遍遍地不断尝试。人们往往忽视了成功者背后的秘诀：“跌倒后站起来，掸掸身上的灰尘，然后继续尝试。”说实话，没人喜欢输，没人喜欢被拒绝。但你越早认识到被拒绝和失败是人生的一部分，你就越有能力成为“最强大的女人”。我相信只要你为自己争取的每个机会做充足的准备，并通过那些机会来证明你是最努力的那一个，你就能掌控自己的命运。就我的经验来说，我也明白，有时候即便你已经全力以赴，结果也可能事与愿违。“最强大的女人”不会因此而放弃追求她想要的东西。她会把失败当成一次学习的机会，以此来帮助她成长，提升她的技能，并在之后确定一个新的发展方向。你永远不知道失败会给你带来什么样的机会，或者为你打开一扇什么样的大门，因为你太专注于结果了。对一切都要抱有开放的态度。你要明白，处于第二或第三的位置，或者在某些情况下永远都达不到特定的目标的经历，可能会给你带来重要的经验。利用这些经验，你就可以走一条与你最初设想的不一样的路，然后达成你想实现的目标。

在我 13 岁离开我生活的位于路易斯安那州的小镇和一所规模不大的私立学校，去往康涅狄格州著名的寄宿高中塔夫脱中学就读之后，我感觉自己进入了一个完全不同的世界。从我踏进这所学校开始，这里的一切都让我感觉那么新鲜又陌生：风景如画的校园里，山丘连绵起伏，山上满是树木，那些树已经有了秋天的韵味。我提前到了学校，是为了参加赛前季的曲棍球比赛。我以前从没听说过这项运动，这次要和我的一个来自中国香港的室友和几个来自纽约市、格林尼治等地方的同班同学一起打比赛。我对中国香港特区几乎一点儿都不了解，而纽约市、格林尼治这些地方，无论从社交性上还是从理论上来说，都让我感觉遥不可及。我因此有点儿胆怯。这种对环境的不适应一直伴随着我，直到大一生活过了几个星期，我才终于看到了一些让我感到熟悉的东西。晚间祷告是一种全校性的集会。一天晚饭前，学校的无伴奏合唱团 Hydrox 演唱了一首歌，这让我激动不已。我从小到大都很喜欢唱歌，很小的时候，我每周日都在我们教堂的唱诗班唱歌，我也会跟着母亲车里放的录音带唱歌，录音带里播放的都是伦敦西区或百老汇（世界两大戏剧中心）上演的音乐剧里的曲目。我已经能想象出自己和 Hydrox 合唱团一起上台演唱的情形了：我身穿一身黑色衣服，热情高歌，唱着流行歌曲。我满脑子都在想："求你了，上帝，让我上舞台吧。"成为这个合唱团大多数高年级女生中的一员似乎就是我的全部梦想。上台，掌管合唱团，唱歌，打扮……我该怎么做才能实现这些愿望呢？看上去每个人都在神情专注地看着他们的每个动作——或者也许如此神情专注的其实就是我自己。不管我看到了什么，我知道我一定要尽快加入这个合唱团。

当我看到选拔赛公告的时候，我觉得公告就是为而我写的，而且是只为我写的。我充满热情地记下了所有我需要为这个重要的日子准备的事项。公告中提到，选拔赛为期两天，每位候选人都要准备一个曲目。这周剩下的时间我都在我的房间里排练我选的那首歌。我很确定，我的室友对《悲惨世界》里的《我曾有梦》这首歌的歌词不是很熟悉，因为英语是她的第二语言。我每天在房间里排练一两个小时，而她是我唯一的观众。一周后，我和一群多数比我年纪大的女孩子坐在一起，紧张地等着 Hydrox 合唱团的成员开始进行选拔。

现在请回想一下你上高一的时候，那时候的你是真心相信高年级的学长和学姐简直跟普通人不是一个物种的。在走廊里碰到这些“生物”时，我会让自己尽可能多地打量一下他们，看看我是否能学到任何时尚技巧，或者听到他们谈话的只言片语。进行选拔赛时，这些此前几乎不会注意到我的存在的女孩竟然会和我说话，这让我觉得太不真实了。选拔赛的规则很简单：我们每个人唱一首歌，然后他们会把我们整合到小组中，看看我们在合唱中的表现。我们一个接一个地为大家演唱我们自己选的歌曲。当我的名字被叫到时，我紧张得腿都软了。但当我唱《我曾有梦》时，我仍然感到很有自信。在每个人都表演完各自的歌曲后，他们又把我们叫回去，组成小组，让我们和整个小组一起唱歌。我多年来在学校和教堂唱诗班付出的努力终于有了回报——我很容易就熟悉了乐谱，与其他女孩配合起来很和谐，我感觉非常舒服。我默默地观察着谁可能会被刷下去：那个女孩太紧张了，整个比赛过程中她满脸通红，声音颤抖；那个女孩一直在跑调；那个女孩在开始演唱的时候就把歌词唱串行了。其实第一天的选拔赛结束后，我心里感觉挺不舍的，因为我很享受比赛。那天晚上大部分时间我都待在自己的房间里，心里只有一个念头，向上帝祈祷许诺：只要帮我顺利晋级到下一轮比赛，我就会做很多好事作为回报。

铃声响起，第一节课结束时，入围名单已经被贴出来了。

我实际上是跑到大厅的。我推开人群，快速浏览那个按姓名字母排序排列的短短的名单——我的名字在里面！

参加比赛的人从15人淘汰到只剩下5人，莉迪娅·芬内特这个名字按字母顺序排在第一位。我高兴极了。

两天后，我们5个人再次坐在音乐室里，听Hydrox合唱团的成员介绍最后一天的选拔赛。我们5个人会和合唱团一起唱歌，模拟参加他们的一次普通排练的情况。他们给我们每个人发了乐谱，根据音域让我们排好队，然后比赛就正式开始了。整个过程大概持续了一个小时，但对我来说比赛时间太短了。我完全处于很自然的状态，放声唱歌，释放自我。一个小时的演唱结束时，Hydrox合唱团的负责人对我们所有人的演出表示感谢，并告诉我们最后入围的名单将于第二天公布。

又是一个辗转反侧的夜晚。为了这个重要的结果，我再次向上帝祈祷，只要能如愿，我愿倾尽所有，在所不惜。当晚我彻夜难眠，满心期望第二天能在公告栏上发现我的名字。

在当今世界，你很有可能会通过电子邮箱接收到重要的信息。我甚至会不假思索地去查看邮件，因为我们在日常生活中有太多时候要用到它。但是，如果你真的停下来想一想，你就会感到很幸运，因为当你收到一封邮件得知某个消息时，不管是好消息还是坏消息，你想什么时候打开就可以什么时候打开，想在哪儿打开就可以在哪儿打开。如果是好消息，你可以跑去找人分享；如果是坏消息，你可以暂时先不告诉别人，直到你可以做到表面若无其事的时候，再找人诉说这一不幸的结果。而对于当时的我来说，公布最终结果的名单在学校主厅中间的公告栏上张贴了整整两天，公告栏上贴出的名单迫使你不得不靠机智来应对周围人的表情，没有任何可躲藏的机会。

早餐后，我走过公告栏，一边努力装出一副漫不经心的样子，一边快速瞥了一眼公告栏。上面没贴名单。铃声响了，第一节课开始。铃声响了，第一节课结束。我从座位上飞速蹿出去，直奔公告栏，手心冒汗。唉！还是什么都没有。一节课接着一节课，一遍铃声接着一遍铃声。直到那天最后一节课结束时，我又跑到公告栏前，这次有了。名单被贴在上面。但是这次我没跑开，我放慢脚步走到了公告栏前。

Hydrox 合唱团入选者名单。

上面有两个名字。

没有一个是我的名字。

我相信每个读这本书的人在某种程度上都能感觉到我当时的感受。震惊、不相信、麻木。我感觉时间都好像停止了。我真希望我能告诉你的是，我当时看了一眼名单，耸了耸肩，然后就走开了，我不会觉得失望，不怕被拒绝。但是我没做到那样，现在也做不到。我站在那里盯着那张名单，泪水夺眶而出。我想他们肯定是弄错了。但是当人们都挤在那儿看各种各样的通知的时候，我听到了一声兴奋的尖叫声，一个大三的学生最终入选，她高兴得跳了起来，拥抱她的男朋友。我意识到，我就算盯着名单看再长时间也改变不了结果。所以我偷偷溜回我的房间，哭了好几个小时，然后上楼准备用付费电话给我母亲打电话。此外，我还吃了一磅[①]M&M's巧克力豆。在生活中的一些时刻，你需要巧克力来安慰内心。

这一定不是最后一次遭受打击

你如此渴望得到某样东西，并且觉得你一定能得到它，然后却突然意识到自己无力回天，还有比这更让人痛苦的吗？我以泪洗面，用了很多盒纸巾，好几天在和朋友闲逛时都郁郁寡欢。但是，生活还得继续，我决定抛开这些去关注一些其他的事。大概在名单公布

① 1磅约等于0.45千克。——编者注

后一周的某个课间，我正从走廊上往下走，突然听到有人叫我的名字。我转过身去，看到了在 Hydrox 选拔赛上认识的一名大四学生。

“嘿，我就是想告诉你，你那天面试表现得真是太棒了。你的歌声给我们留下了深刻的印象。你本来是非常合适的人选，但是我们选中的那个女孩已经参加了 3 年比赛了，这是她的最后一次机会。你明年一定要再试一次——你绝对能被选上。”

就这样，我的信心重新被点燃了。我就知道我属于 Hydrox。对此我深信不疑，现在只是时间问题。一切都会如我所愿的，只不过是比我原来希望的多花一年而已。

对我来说幸运的是，另一个叫作 Collegium 的唱诗班合唱团，在 Hydrox 选拔赛之后不久也举行了选拔。这一次，下课铃声一响，我就跑到公告栏去看，我很骄傲自己位列新入选的女高音名单之首。这让我感到欢欣鼓舞。我被 Hydrox 合唱团拒绝的悲痛之情早已经被 Collegium 合唱团选中我所带来的喜悦驱散了。此外，现在我还知道明年 Hydrox 合唱团肯定会有我的位置。我经常会在“父母周末日”、校园集会及学校的其他大型活动上观看 Hydrox 合唱团的表演，虽然有时候我会嫉妒他们，但当我想到我到大二的时候就能和这个合唱团一起登台演唱时，我的心情就很快平复了。

第二年 9 月，当 Hydrox 的选拔公告张贴出来时，我知道我大显身手的时候到了。我在便利贴上草草记下了面试的日期和时间，然后兴奋地走着去上下一节课。那天早上我除了嗓子有点儿痒，没有其他问题，我非常有信心两天后进行选拔赛的时候我的嗓音就会变得清亮的。但是，天啊，我错了。我的嗓音非但没有变清亮，反而发不出来了，就像失声了一样。当我到达比赛房间的时候，屋子里挤满了我认识的人，我几乎连歌曲的音调都发不出了。当时还算是有一件有利的事，就是房间里的女士们知道我能唱歌，所以她们邀请我再回来参加第二轮，希望我的声音能恢复正常。但是我在第二天早上醒来时却发现自己完全发不出声了，我知道，我那一年入选 Hydrox 合唱团希望渺茫。

我不用看公告栏的名单都能知道我自己没入选。然而，这并没有削弱我的斗志。我流了眼泪，吃 M&M's 巧克力豆进行自我安慰。此外，还有训练。跟上次一样，我除了再等一年，再试一次，别无选择。

于是我等到了第三年 9 月。当选拔公告被贴出时，我已经不需要用笔记下面试的详细信息了。那时候我都能把公告内容默写出来了。第二天，我走进音乐室，坐在一群朋友和同学中间，他们正在谈论选拔赛如何进行。我演唱了我的参赛曲目并和大家一起完成合唱。两天后，我参加了第二轮比赛。我等到那天最后一节课下课铃响了之后才慢慢地走到公告栏前。有了前两次失败的经历，这次我做好了准备接受没通过面试的打击。

Hydrox 合唱团入选者名单。

莉迪娅·芬内特。

我的眼中就只看到一个名字——我的名字。我确定还有别人，但是在那一刻，我只关心这一个名字。

有时候我觉得，当你经历了失败的低谷时，你所想要实现的目标在你心中的高度会变得更高。经过两年的等待和憧憬，这一天终于到来了，我成为那个站在公告栏前面拥抱朋友的人。我很享受这一刻。我也拥抱了站在我旁边的那个没有入选的女孩，因为我知道她此时心里是什么样的感受。你的快乐时刻也可能是别人的悲伤时刻，我真的非常理解她在那一刻的感受。

Hydrox 是我想要的一切，甚至更多。但我常常回想，如果我在第一次选拔中就入选了，一切会不会还是和现在一样。我可以告诉你，我没有浪费那次机会的任何一分钟。我喜欢每一次排练，每一份友谊，当然，还有每一场演出。那次经历让我体验到了失望的痛苦，但也教会了我克服失望、永不放弃的甜蜜。

回看一路走来自己收获的很多人生经验和教训，我发现自己还有些庆幸经历了那些失败和挫折，因为当我不可避免地遇到某些不顺心的事时，我并没有一蹶不振。当然，那肯定不是我最后一次遭受打击，这样的时刻还很多：当我发现我填的第一志愿的大学没有录取自己时；当我发现别人升职了而我没有时；当我发现有个人告诉我可以和我合租，但是她后来又决定离开这个城市，而我只能再挣扎着找一个新的地方住的时候。这样的遭遇教会我一件事——挫折并不能打败我。事实上，这些被我父母称为“性格塑造”的经历教会我，在个人生活或职业生涯中突然遇到一些意想不到的事情时，我不能崩溃。我知道自己需要一定的时间，坐下来冷静一会儿，坦然接受失败，然后再次尝试。这常常可以指引我尝试一种比第一次的尝试更有效的方法。

只关注下一步可以做到什么

大约在我开始筹备“战略伙伴关系”这个部门一个月后，我接到我们总裁的电话，他告诉我佳士得已经赢得了拍卖伊丽莎白·泰勒[①]遗产的权利，其中包括一件市场上有史以来最珍贵的——可能永远也不会被超越——珠宝收藏品。当时，除了在《人物》杂志上看到一些关于伊丽莎白·泰勒的介绍，我对她几乎没什么了解。我当时都不知道她和理查德·伯顿[②]的关系已经吸引了全世界的关注，其热度恐怕只有今天的安吉丽娜·朱莉和布拉德·皮特的故事可以与之媲美。

佳士得被选中负责这批藏品的拍卖，并将于当年9月从莫斯科开始进行全球巡展。当时是6月。我们的总裁告诉我，为了扩大市场营销活动规模，他们正在寻找能赞助超过100万美元的重要赞助商，从而向全球最大范围的观众展示这些藏品。我现在要带领我的新部门，承担在全球寻找赞助商的任务，我顿时感受到了身上的压力。那是我职业生涯中最具挑战性的一段时期——部门只有我一个人了，我把助理都分配到了原来的项目团队，我要靠自己从世界各地的公司那里获得数百万美元的赞助资金。这足以让人愁得彻夜难

① 伊丽莎白·泰勒（Elizabeth Taylor），美国著名影视演员，电影代表作有《埃及艳后》《热铁皮屋顶上的猫》。——编者注

② 理查德·伯顿（Richard Burton），英国著名影视演员，曾与伊丽莎白·泰勒二度结婚、二度离婚。——编者注

眠了吧？我需要尽快想出一个策略。

我决定采取与我第一次参加马拉松训练或写这本书时相同的方法。只关注下一英里①，而不是全程的26.2英里；一天写1 000字，不要想着完成7万字。与其发愁于巡展需要的赞助资金数额之庞大，以及给我的时间之短，还不如行动起来。我决定去接触一些公司，看看我是否能找到一个把整个巡展需要的资金全包下来的大赞助商，或者在每个展区找一些小赞助商。一开始，我向我们公司内部的国际专家寻求帮助，看看他们有没有有用的线索和联系方式。然后，我把重点放在了进行单独宣传上，以吸引这些公司在这一具有历史意义的拍卖活动中与佳士得形成合作伙伴关系，从而提供赞助资金。我花了很多天，整日甚至整夜地反复研究针对每一个潜在合作伙伴的宣传方案。我会和银行谈可以让他们的顶级客户有机会在一个私人展览上参观伊丽莎白·泰勒那枚33克拉的戒指；我会和时尚品牌谈关于伊丽莎白·泰勒引领时尚潮流的风格，而且确保联系到那些与她关系紧密的品牌，比如华伦天奴和候司顿；我会和俄罗斯的石油和天然气公司谈，天马行空地谈一些我自己也不知道是什么的内容。关键是我要证明我的商业计划是可行的：佳士得可以利用其最大的资产，也就是其品牌影响力，为这些公司带来额外的收益。

即使是在早期，在我一份合同都还没签，一份赞助金都还没确

① 1英里约等于1.61千米。——编者注

定下来的时候，我也面不改色，从而给周围人树立了自信。我永远不会忘记那一天，富国银行打来电话，表示其董事会同意赞助我们在洛杉矶举办的整个展览活动。我一直努力想要实现的这一想法，现在要实现了。

在与富国银行和其他几个主要赞助商签订合同之后，一位同事建议我联系一家亚洲知名公司，该公司有兴趣举办一次展览，旨在加强同客户的联系。能有机会找到这样一个财力雄厚的赞助商让我感到很兴奋，于是我通过另一个联系人找到了这家公司 CMO 的电子邮件地址，然后立刻和他联系。此后不久，我收到了其助理的一封电子邮件，他让我当晚晚些时候给 CMO 打个电话。由于他那里的时间比纽约早 13 个小时，所以我有充足的时间为我期待的这次通话准备一份计划。如果这是写剧本，没有比这个再好的情节了。在与那位 CMO 进行了热情的通话之后，我寄去了一份详细的计划书，大概列出了我们所需要的资金条目，以及在这样一个受人瞩目的全球性展览上可以实现哪些品牌宣传方面的期望。

那天晚上我躺在床上，满心期待着他查阅我的计划书，然后通过电子邮件回复我，这样我们就能就赞助金额方面的事项展开谈判了。是我的话我肯定会这么做！让我高兴的是，第二天一早我就收到了这位 CMO 的电子邮件，他对我之前列出的资金计划给出了承诺，并想要我提供有关市场营销和公关策略方面的详细情况。如果你正在筹办一个定制化的展览，并且需要带着价值数十万美元的珠宝到世界各地巡展，你会遇到许多你必须解决的烦琐事项。由于这次展览的时间安排在了其他两个巡回展览中间，所以到展览开始前所剩的日子越来越少。

但是首先，我需要庆祝一下。我高兴地在卧室里跳上跳下，兴奋地尖叫着，然后我给整个团队的人都发了一封邮件，告诉他们这个好消息。这一次，我们不仅有机会将巡展范围扩大到一个有潜在客户的新地方，我还引进了一个赞助商，他会赞助巡展所需的全部剩余资金。钱筹到了，干得漂亮。第二天，我在走进团队会议室时，感觉自己就像一个超级明星，同事们都热情地跟我击掌庆贺，我甚至得到了我最尊敬的总裁的赞赏。

在达成赞助协议后的头几天里，我和这位 CMO 每天晚上都通话到晚上 11 点左右。在我们通话之后，我会给相关的团队成员发送一封电子邮件，这样每个人都将清楚地了解为完成这个项目自己需要做些什么。与此同时，我们的法务团队起草了一份合同，我将合同连同汇款说明一起发送给了这位 CMO，要求他在签署合同时全额支付赞助费。由于展览将在一个月之后举行，我要求他在接下来两周内汇来这笔钱，以确保我们能按计划带着珠宝进行展览。他回复电子邮件同意了这些条款，并表示他将很快和我们联系关于签合同的事。

你一定在想，这是多好的一个开端啊。

但是，拜托你想想啊，朋友，这一章是关于克服困难的。可想而知，在这个过程中，我一定会遇到一些困难。

第二天早上，我给这位 CMO 发了一封电子邮件，请求和他通电话，这样我就可以更新展览计划书上关于他们的团队人员和巡展的市场营销策略方面的内容了。那时我快忙疯了，所以根本没顾上想我没有收到回复这件事。事实上，我还记得那天晚上我觉得终于可以松口气，11点之前能睡觉了，之前我们每天晚上在这个时间才结束通话。第二天早上，我有点儿惊讶于没有收到他给我回的邮件，我没收到任何消息。但我想他可能很忙，也许他有时间了会给我回复的。佳士得的团队有点儿焦虑了，因为他们需要根据回复来设计展览的布局，但我向他们保证一切进展顺利。因为之前一直都很顺利，不是吗？

然而，第三天早上，我发的电子邮件和通话请求仍然没有得到回复，我心里开始有一种不安的感觉。我祈祷是自己想得太多了，我在睡觉前发了一封以“只是来确认一下”为题的邮件。但我整晚辗转难眠。我想肯定是哪里出问题了，这种想法在我脑中挥之不去。凌晨3点到4点，我终于睡着了。几个小时后，我猛然惊醒，立刻抓起手机。我闭上眼睛，希望当我打开邮箱的时候，收件箱收到的第一封电子邮件的附件里面有一份已签署的合同和关于汇款方式的确认。唉，没有。什么也没有。一个早晨接一个早晨，我始终没有收到任何回复。我盯着手机，感觉实在是难以置信，然后我又躲进办公室去工作，尽最大的可能避免团队中任何人问我关于这件事的最新进展。

在经历了我生命中最漫长的7天之后，我终于收到了一封电子邮件。但这并不是我想收到的邮件。邮件很简短——“我们不能参与巡展了”，句号。没有解释，没有“很抱歉让你久等了”这样的话。只是一个大大的“不”。也许你认为最糟糕的是我们没有拿到钱。我承认这让人很痛苦。但最糟糕的是，我当天晚些时候不得不去开会，然后告诉那些一直对我表示热烈祝贺的同事，我们没有筹到那笔钱，不能到那个国家举办展览了。我感觉自己太失败了，更糟的是，我觉得我让他们失望了。

爬得越高，摔得越狠——但风景越好

作为最强大的女人，你需要意识到的是，你的人生越成功，你所面临的风险就越大。你爬得越高，摔得就越狠。但是请相信我说的，你爬得越高，你看到的风景就越好。比失败（无论你有多成功，你总会在某个时刻遭遇失败）更重要的是，失败后你做了什么。最终，我最初的那个策略——找众多的赞助少量金额的赞助商，帮我实现了这次展会的目标。这并不是我所希望的那种成功，但是无论你是以何种方式去实现的，一个目标实现了就是实现了。我的同事们总是很支持我，甚至当我宣布我已经实现目标时，他们又热烈地祝贺了我——这一次我手里已经拿到了签好字的合同，这样就不会有资金能否到位的疑问了。

最重要的是，你要从每一次经历中吸取教训，而不是让失败阻止你前进的步伐。在错失与那位 CMO 的合作这件事情中，我学会了等待——合同正式签署之前我不会向我的团队宣布任何消息。我学会了在交易中出现任何问题都要保持信息公开透明，这样不管最终出现什么结果都不会让人感到意外。最重要的是，我学到了，只要我尽了最大的努力，我就仍然会得到同事的尊重。

也许克服对失败的恐惧的最佳训练场所就是拍卖场。相比而言，Hydrox 合唱团选拔赛的时候我经历的几次失败，以及失去了和一个重要赞助商的生意，这些看起来都没什么大不了的。我猜你可能会说，我是不得不乐观面对挫折，因为我在舞台上失败太多次了——有些时候，甚至可能是在一个台下有 5 600 名观众的舞台上。

在过去的这些年里，我每年都会在麦迪逊广场花园参加一次鲍勃·伍德拉夫基金会的拍卖。对于你们当中有些不熟悉位于纽约麦迪逊广场花园的葫芦剧院（Hulu Theater）的人来说，我想告诉你们一件事：它能容纳 5 600 人。在这个故事中，你只需要知道这一点就行了。每年鲍勃·伍德拉夫基金会都会在纽约喜剧节的前一周举办一场名为“为英雄而战”的众星云集的活动。“为英雄而战”是为鲍勃·伍德拉夫基金会筹集资金的活动，筹得的资金会被用来帮助那些身体有严重残疾的退伍军人重新适应他们的新生活。在我第一次同意参加该基金会的拍卖活动的那一年，我和对方第一次通话时，他们告诉我，我将在乔恩·斯图尔特（Jon Stewart）、约翰·奥利弗（John Oliver）和吉姆·加菲根（Jim Gaffigan）的喜剧表演结束后，上台进行一场简短的举牌竞价。举牌竞价之后，布鲁斯·斯普林斯汀（Bruce Springsteen，美国歌手）将会进行表演，然后我回到舞台，拍卖他的吉他。

我将和他——布鲁斯·斯普林斯汀本人——一起进行拍卖。

之后，所有的喜剧演员和我都会回到舞台上，然后我们会和布鲁斯·斯普林斯汀一起拍卖一辆摩托车。

所以，就是这样。这肯定会和我以往的周二过得有所不同。或者说，它将和我生命中的任何一个周二都不同。绝无仅有。

当我在电话中恢复平静后，我们开始讨论关于竞拍金额的问题，它所在的环节也就是鼓励现场的每个人举牌参与竞拍，为这个组织捐款的环节。与现场拍卖不同的是，你在竞价成功后不会得到一次具有异国情调的度假、一次无价的经历或一只小狗。你只是举牌，然后出钱。

关于我在举牌竞价阶段第一轮要求大家出价的数额这一问题，我总是喜欢与非营利组织坦率地进行商谈。我必须为整场活动设定一个合适的基调，并确保争取到一个有能力并且愿意出高价的竞拍者。

在我们第一次通话后，根据前一年的拍卖情况，我们一致同意以 10 万美元作为起拍价，然后在此基础上根据观众的要求进行加价。那个星期的晚些时候，我出示了我的通票，走进专属休息室，此时观众挤满了整个礼堂。我的“助手”走过来领着我走到舞台左边，所有的表演者都在这里等着上台表演。我走在一个灯光昏暗的区域，来到一把椅子前坐下，在那里我可以看到即将出场的喜剧演员的身影：乔恩·斯图尔特、约翰·奥利弗和吉姆·加菲根。我坐在折叠椅里，面向舞台后面，等着他们完成各自的 15 分钟表演。随着时间越来越接近拍卖时刻，我在观看表演过程中时而大声笑出来，时而紧张地在手里反复转动我的拍卖槌。当大屏幕上开始播放鲍勃·伍德拉夫基金会的宣传视频时，我从后台工作人员手中接过麦克风，移步到了麦迪逊广场花园舞台的侧台位置。

到我参加这次拍卖会时，我大概已经参加了1 200场大大小小的拍卖会。100个人共进晚餐？1 500个人共进晚餐？你只要看到过一个宴会厅，你就会知道所有的宴会厅是什么样了。但当天我在侧台天鹅绒幕布后候场时，我记得我当时在想："这里的观众真是太多了！"

"3，2，1……"我刻意大步走过长长的舞台，径直走向舞台中央充当拍卖台的那个乐谱架。我把我的主持稿放上去，用拍卖槌在小小的乐谱架上敲了三下，架子发出了很小的"叮，叮，叮"的声音，而不是我通常从拍卖台上听到的"砰！砰！砰！"的声音。我感觉有点儿不适应，但当时那本来是什么声音就还是什么声音了。

用了前文提到的"敲击法"，我感觉很自信，露出了灿烂的笑容，开始对此次拍卖会进行介绍。为了引入举牌竞价环节，我在介绍的最后反问观众："这是我们在座每一个人可以回馈那些为国家做出巨大贡献的受伤老兵的一次宝贵机会。那么观众中有谁愿意率先为给我们受伤的英雄们募集10万美元的款项出价呢？"

然后，就像我通常在进行筹款时做的那样，我留出一点儿时间，让那些在拍卖中喜欢制造戏剧性的效果而在出价上有所保留的人为出价做好准备。然后，我又等了10秒，因为每个人都相信会有人能给出那个价。接着，我又等了10秒，以防某个人睡着了，其他人可能想叫醒他，提醒他该竞价了。之后，我又等了10秒，因为布鲁斯·斯普林斯汀正在不到10英尺远的侧台候场……

没人出价。

此刻，请你想象一下当时的画面：你站在舞台上，面前的5 600名观众抬头盯着你，同时不安地在椅子上动来动去，你的内心是不是有点儿绝望？当时，我真的快绝望了。真的。绝望。但是你知道吗？在那一天结束的时候，我在拍卖会上筹到的钱比在那次拍卖会前这个组织拥有的钱还多。所以我必须保持精力充沛，面带微笑，向每一个人证明我是最强大的女人。我是那个给现场定基调的人，观众也会被我感染而充满能量。我又等了几秒，等待最后一次机会，希望能有某位神秘竞拍者在最后一刻冲出来……当我完全肯定这个神秘竞标者不会出现时，我对所有人报以灿烂的微笑，眨了一下眼睛，说：

"这个女孩现在还要再问诸位一遍！"

因为，你知道吗，你必须得问。最坏的结果也就是没有人回应。对你来说幸运的是，在这样一个有5 600名观众的场面中，估计很难会出现没有人回应的情况。

拒绝？这根本不会让我停下脚步。

我迅速加价到50万美元，然后两个竞价者立即举起手来。

我在那天晚上剩下的时间里取得了巨大的成功。布鲁斯·斯普林斯汀和我——我要再说一遍，因为我很少有机会做出这样的表述——布鲁斯·斯普林斯汀和我以37万美元的价格卖掉了他的吉他、他的摩托车的一次骑行权和一盘他母亲做的千层饼。在最后一刻，他决定把拍品加倍。我当时正在询问两位竞价人的出价，布鲁斯在最后一刻俯身贴在我耳边轻声说："卖两次。"这意味着他将捐赠另一把吉他，另一份摩托车的骑行权，当然，还有另一盘他母亲做的千层饼。我当场将这些东西以 37 万美元的价格卖给了出价较低的那位竞价人。5 分钟内筹得 74 万美元。布鲁斯表演完后，我和所有的喜剧演员回到舞台上，以 10 万美元卖了一辆摩托车（零售价 1.2 万美元）——所得善款全部捐给了退伍军人。这是一个令人感到惊奇的夜晚，尽管开始的冷场一度让人沮丧，但最终的结果还是超出了我们的预期。

话说回来，我刚刚提到我和布鲁斯·斯普林斯汀一起上台了吗？

这些日子以来，我总是能谨慎地处理这些失败和被拒绝的经历。最强大的女人应该明白，为了继续前进和不断进步，你就得学会如何克服挫折和失败带来的负面情绪。下次当你没有得到你认为没有它就活不下去的东西，并因此感到彻底绝望时，你得明白，没有它你照样能活下去，而且这件事肯定会让你变得更强大。最强大的女人能够克服也将会克服被拒绝带来的痛苦，因为她知道，即使她被拒绝，没有得到她想要的结果，但是她仍可以把这次拒绝当成学习的工具，从这次经历中得到成长。她知道她需要拥抱挫折，并把它变成自己最强大的力量。失败后你会觉得很痛苦，听到别人说"不"后你会觉得很痛苦，被拒绝后你也会觉得很痛苦，但不要让对这种痛苦的恐惧阻止你去追求你想要的结果。

她们的现在就是你的将来

——如何对待挫折

芭芭拉·科科伦

房地产大亨，电视节目《鲨鱼坦克》投资嘉宾，播客主播

就在我签约参加一个叫《鲨鱼坦克》的新节目之后，制片人宣布他改变主意了，他要把唯一的女性投资嘉宾的位置让给另外一个人。我没有被他的这一决定击垮，而是坐下来在电脑上敲出了一份清单，列出了曾经别人说我不行我却做成功的事情。我在邮件的结尾是这样写的："我生命中最美好的事情都是在失败之后发生的，所以我觉得您的拒绝对我来说也是一个幸运的礼物。"我建议他把我和另一位女士都邀请过来竞争这个席位。第二周，我订了去洛杉矶的机票，然后得到了这份工作。十年来，我在《鲨鱼坦克》节目里一直都是一个很快乐的投资嘉宾，现在我续签了合同。

德博拉·罗伯茨

美国广播公司新闻频道获奖记者

在我的电视职业生涯的初期，就像其他刚刚入行的记者一样，我会把事情弄得一团糟。当我在佐治亚州梅肯市的 WMAZ 电视台做实习生的时候，我经常被派去和记者们一起完成任务，我的主要工作是协助拍摄及做故事的后期编辑。一天下午，他们让我去附近的班宁堡军事基地协助拍摄。我的工作是拿着相机包，并负责按下开始和停止按钮。

我们穿过树林，寻找机会采访指挥官关于训练方面的问题。那可真是漫长而又让人激动的一天。也就是说，直到我们回到剪辑室，我才发现我在拍摄时按下了停止键，在不拍摄时按下了开始键：我们很多镜头拍的都是脚和草，而当我们进行采访时，画面则一片漆黑。我当时真想钻到桌子底下去。在不得不接受这一事实后，另外一个记者从剪辑室摔门而出。她有好一阵子都没和我说话。那天，我含着泪回家了，我确信我一定会被开除。在我母亲跟我进行了一次鼓舞士气的谈话之后，我第二天回到工作岗位，对那位记者表示很抱歉，并热切地表示想补救问题。我的心怦怦直跳，但是我还是装出了一副很勇敢的样子。令我惊讶的是，那个记者也冷静下来了，她建议我们重新安排计划。

几天后，我们又回到那个军事基地——他们允许我们在周末重新进行拍摄。我扛着大部分的大型装备，密切注意着每一个细节。经过几天前我们非故意出错的试拍摄之后，这次拍摄变得更顺畅了，而且实际上拍摄效果也有所提高。我和那位记者因这段经历而结下了不解之缘，后来（很长时间以后），我们在回想此事时甚至觉得很可笑。即使是心怀好意，我们也可能会犯错误。但最重要的是，在哪里跌倒就在哪里爬起来，然后再试一次。

最强大的女人

会 ●●●●●●

5

大胆“推销”自己

我拖着特大号的行李箱爬了一段楼梯，走进一处狭小的单间公寓——那时我 21 岁，刚刚大学毕业。我在位于田纳西州的一所规模不大的文科院校——西沃恩南方大学度过了四年奇妙的时光。然而，在校园中建立的友谊无益于我此时的境况——我选择搬到了一座一个人都不认识的城市。我毕业后的第一年是忙碌而孤独的，尽管外面熙熙攘攘，人们忙忙碌碌，我的内心却觉得很孤独，我极其怀念以前的日子。那时候，我的身边有一群朋友，不管是白天还是晚上，他们随时都能和我畅谈当下热门的话题。我渴望那种集体生活带给我的感觉，所以我又开始创造那样的生活圈了，我抓住所有机会结交新朋友，加强联系。如今，我来纽约已经有 20 年了，尽管这里有几百万人口，但是我感觉纽约就像一个小镇一样，我在这里有很多亲近的朋友。

在纽约最初的那些岁月使我学会了一些事情，我至今每天都会提醒自己：没有什么比群体更有力量的了。作为一个有 3 个孩子的职场妈妈来说，群体在我的生命中扮演了很重要的角色。我每天都依靠我的朋友群和家人群做很多事：当我需要回家带孩子去看医生的时候，我的同事可以帮我开完没有结束的会议；一位同是母亲的朋友可以帮我带我儿子放学后去踢足球，这样我家保姆就能去公交车站接我女儿了；如果我和丈夫都外出了，我的父母、公婆和兄弟姐妹就会帮助我照顾孩子。无论我走到哪里，我都能在我的女性朋友中看到这种朋友和家人参与及互动的情形。我们每天都在为个人生活而奔波，努力维护好自己和每个群体的关系，养家糊口、创办公司、经营公司，并为下一步目标努力。在每个角色中，我们都在努力建立联系，创建新的平台，并努力对我们感兴趣的事物获得更深刻的理解。但即使建立这些联系的是我们自己，我认识的女性中却很少有人愿意做销售。既然我们在自己建立的社交圈里处于核心位置，那么在这个社交圈中进行销售活动就应该是很自然的了吧？事实并非如此。

我认识的许多女性在做销售时——无论是在推销某种产品还是在推销某个愿景时——会感到不舒服。做销售会让她们感觉不自然，需要抛头露面，有时又让别人感觉自己在夸夸其谈。做销售的女性经常给人的感觉是，她们是为了谋生而做销售的，这听上去似乎有点儿不体面。人们普遍的印象是，做销售是一件带有消极意义的事情，这与大多数女性自然地倾向于对较为激进的销售人员或者更强硬的声音表现得顺从截然相反。我的母亲非常能干，她在我们兄弟姐妹几个都去上大学之后就开始做手提包生意了。她曾经一次又一次地跟我说："我总是很乐意出售别人生产的东西，但是对于我自己做的钱包，我却是一个差劲的销售员，因为我觉得当他们说不买的时候，他们是在拒绝我而不是我的钱包。"无论我的父亲、我的兄弟姐妹和我多少次劝她别有这种想法，她都无法摆脱这种感觉。在我从事拍卖师的职业生涯中，我听到过同样的一句话："我永远不可能做你在舞台上做的事——我不擅长索取。"

这肯定不是某一代人独有的特征，也不是某个地域独有的特征。我的一个在纽约的朋友创办了一家儿童服装公司，她在和我吃饭时跟我吐露心声说，她无意中听到朋友们在背后谈论她。当她听到其中一个人说"哎呀，你知道的，她一天到晚都在兜售她的那点儿东西"时，她惊呆了，同时觉得很尴尬。虽然她看似很随便地提了一下这件事，但我看得出，这让她内心感到十分烦恼。作为曾经照顾三个孩子的全职妈妈，她为自己如今创建的事业感到自豪。然而，她无意中听到她朋友说的那些话却让她对自己的自豪感产生了怀疑，要是我，我会觉得无所谓——她只是在努力地打拼自己的事业而已。每当我在生活中遇到这种情况，或者有人跟我分享这样的故事时，我总会退一步想想，为什么会有人做出那样的评价。即使这些话伤害到了我，我也深深地知道，那些人故意说这些话来伤害别人，往往都是因为他们内心的不安全感或忌妒心在作祟。因此，当有人那么说我的时候，我不但不会感到尴尬，我还会同情那个因为别人的成功而内心受到打击的人。很明显，他们的内心十分空虚，没有什么能充实自己，所以他们的内心就充满了消极情绪。当你所创建的事业正在蓬勃发展的时候，你为什么要让别人来击垮你呢？

你是不是觉得，我站着说话不腰疼？当我听到别人那么说我的时候，我其实也会像我的那个朋友那样感到失落。几年前，我也有过类似的经历。当时，我的一位同事——她在来佳士得工作之前，曾在佳士得的业内主要竞争对手苏富比拍卖行工作了几年——提起，在苏富比的一次高管会议上他们提到了我的名字，当时会上还有人刻薄地说："嗯，莉迪娅真的很善于推销自己。"当她转述这个故事时，我满脸通红，真希望地板上有条缝能让我钻进去。我相信，当你读到这里的时候，你也会替我感到有点儿尴尬。"莉迪娅多么擅长自我推销啊，对吧？"在那一周和接下来的几周，我脑海里一遍又一遍地出现这句话。我感觉很羞愧，为了这份我凭多年的辛勤工作应该得到的认可而感到羞愧。别人都认为我在拍卖台上是在做自我推销，这让我很尴尬。

善于自我推销并不可耻

我现在多么希望我能回到那一天。我当时应该这么说："谢谢你。我很久都没听到有人这样夸奖我了。"

你知道吗？说那句话的那个人是对的，我确实善于自我推销。正因为我很擅长推销自己，所以我正在写一本书来帮助别人学习如何推销自己，如何更好地推销自己。擅长销售并不可耻。而推销你自己、你的理念或者你所创建的事业，更不可耻。没有人会像你这样这么了解你自己的优点和缺点，你是唯一有资格向别人推销你自己和你的理念的人。下次当你因为宣传自己而感到自我怀疑和痛苦时，你要记住，最强大的女人可以得到她全力以赴所追求的一切。她会在经历过自己的酸甜苦辣后，创造属于自己的人生。一个真正强大的女人不会通过陷害别人来成就自己。她会通过鼓舞他人来实现自我价值，在鼓励别人时她自己也会受益，她会激励自己充分发挥自己的最大潜能。总有一些人无法接受你的成功，坦白地说，你也不需要他们的支持。因为从今天开始，你将成为自己最大的支持者和信徒，在你身边围绕的应该是一路上被你激励和鼓舞过的人，他们是你花时间培养和与其建立关系的人，其他人你无须理会。

我经常发现自己在开始说某件事前都会先这样说："嗯，如你所知，我生活里的一切都得从我做慈善拍卖的经历说起……"我意识到，我生活中的很多事情都可以被运用到销售上。我了解，只有让人们感到自己可以与更大的愿景联系起来，或者让人们感觉自己是一项积极的、向前发展的运动的一部分时，人们才会对销售做出响应——人们希望自己是比自身更为宏大的事物的一部分。从事慈善拍卖多年后，我意识到，这种对真实性和关联性的需求可以转化为一种非常有效的销售技巧。

刚开始参加拍卖会时，我和大多数同事一样，在"叫牌出价"环节会有点儿畏惧。前一分钟客人们还在忙着疯狂出价，因为他们想获得一生中最奢华的假期，而下一分钟，你就要求他们为纯概念性的东西出价——最有意思的拍卖会也会因此变得了无生趣。

经过很多很多次漫长而痛苦的“叫牌出价”之后，我觉得我必须想出一个更好的策略。“叫牌出价”环节就像每年做一次的牙科检查，每个人都害怕，但又都不得不同意去做。观众们在第一环节的拍卖中全神贯注，而当我从拍卖环节过渡到“叫牌出价”环节时，他们却背对着我，用交谈声淹没我的声音——我很厌倦看到这样的场景。事实上，因为房间里人数众多，“叫牌出价”环节其实有可能可以筹到比现场拍卖更多的钱，但这种情况从来没有发生过，因为现场拍卖一结束，人们立刻就不再关注拍卖台了。更糟糕的是，有时一场活动中根本没有现场拍卖环节，只有“叫牌出价”环节。我做了十年的拍卖师，似乎已经掌握了拍卖的技巧，但我仍然没法儿让“叫牌出价”环节变得令人兴奋或有趣，我很讨厌这种感觉。经历过多次失败的或表现平平的“叫牌出价”之后，我意识到我在销售技巧上遗漏了一些要点。我一到“叫牌出价”环节就把它当成让每个人捐钱的机会。观众中缺少一样东西——当然它肯定不是鸡尾酒——那就是统一性。观众被要求以个人的身份出钱，举牌出价最高的人会和出价最低的人一样感到局促不安。那些在公开场合中出价最多的人因为自己拥有的可捐之物如此之多而感到有罪恶感，而那些出价最少的人因不能再多给而感到尴尬。

纽约的慈善晚会一般会在美国阵亡将士纪念日（每年5月的最后一个星期一）之后结束，在美国劳动节（9月的第一个星期一）之后重新开始，所以通常直到拍卖季重新开始前，我整个暑假都会休息。在我休息的3个月里，我制订了策略，策略关于怎么做才能让“叫牌出价”环节少一些痛苦，多一些乐趣。那时候，“叫牌出价”环节筹到的钱真的很少，我当时真的觉得那是最让人痛苦的时期了。在一个500人的拍卖场上，会有一部分人捐赠大额的善款，也会有几个人只出5美元，但是会场上其他的480人可能会捐赠20美元左右——就像我经常对非营利组织说的那样，20美元已经比你开始前什么都没有强多了。我越想就越确信，我错过的不是那些潜在的竞价者，不是一群单独举牌出价的个体，而是作为一个整体一起行动的观众群体。

在纽约，每年的黑领结活动季都会以一场为“为了孩子们的纽约客”举办的慈善活动拉开序幕。这已成为多年来最受期待的活动之一，来自纽约的顶级慈善家及像碧昂丝、Jay-Z[①] 这样的名人会出席活动，坐在会场头桌。“为了孩子们的纽约客”是一个很了不起的组织，旨在通过教育、职业发展、生活技能课程，以及与儿童服务管理部门合作等方式，来帮助那些年龄处于或超出家庭寄养范围的遇到危机的年轻人。多年来，作为“为了孩子们的纽约客”组织的“朋友委员会”的成员，我一直和他们保持合作，所以我知道，我如果告诉他们我想用不同的方式组织“叫牌出价”环节，他们肯定会信任我的。这一次，我不打算再盲目地筹款了。我让他们告诉了我一个他们心中要筹集的资金的目标。那时候，该组织要筹集的

① Jay-Z，原名肖恩·科里·卡特（Shawn Corey Carter），美国说唱歌手、音乐制作人、商人、经纪人。——编者注

资金是一个天文数字，它并不是观众可以承受的明确的数额。在拍卖开始的前一天，他们最终敲定了一个明确的数额：25 万美元。这比他们上一年的收入总额还要多，但是为了实现此次活动的收入目标，他们需要这么多钱。他们不止一次地告诉我：无论如何都不能把今晚活动的筹资目标告诉观众。要是我们实现不了那个目标呢？要是他们觉得这个组织太贪婪了呢？要是……要是……要是……

绊脚石出现了。面对这些困难，我们被吓倒了，是吗？

找到共同利益点，让别人来帮你

不。

最强大的女人能一个接一个地搞定这些困难。

那天晚上在台上，我根本没有机会活跃现场气氛，因为该组织已经决定，我们只进行“叫牌出价”，没有现场拍卖的环节了。现场的很多观众我都认识，当我敲下拍卖槌的时候，我也知道他们不会因为简单的“叫牌出价”而停止说话。这一次，我脸上带着灿烂的笑容，决心要让他们知道我不会放弃。我不停地敲着拍卖槌，不引起他们的注意不肯罢休。最后，观众们开始意识到只要他们不停止说话，我就不会停止敲槌。当他们停下来关注我时，我脑子里的第一个念头就是跟他们说，如果他们能安静下来，我就告诉他们一个小秘密。我对 3 岁小孩用的把戏，对这群醉醺醺的成年人竟然也管用，真是太让人吃惊了。灯光昏暗的会场里一下子鸦雀无声，

500 名观众齐刷刷地向我看过来。

“该组织明确告诉我，不要告诉你们他们的筹资目标是多少。我向他们发誓，我绝对不会告诉你们这次‘叫牌出价’环节的目标金额，因为他们非常担心我们达不到这个目标。但我是一个目标明确的人。既然如此，我怎么能够站在这里，却不告诉你们这个竞价的目标是多少呢？目标是 30 万美元。”有几个观众大声笑了出来，我不确定他们是在嘲笑这个数字，还是在嘲笑我公然违背了该组织的直接命令。我继续说：“30 万美元是很大一笔钱，我知道你们大多数人会认为我们达不到这个目标。但我想让你们知道，你们这些人可以完成这个数目，因为这个房间里有 500 人，你们每个人都能贡献一部分出来。‘叫牌出价’环节其实很简单。当我给出一个数额时，如果你觉得你很乐意把这些钱捐给‘为了孩子们的纽约客’组织，那你就举牌。我会从捐赠的最高金额开始叫价，然后一直叫到最低金额，直到我们达到那个目标。如果我们需要降低到 10 美元，那我也会叫这个价。如果筹不到这个组织为了帮助那些有困难的年轻人所需要的数额，我是不会结束拍卖的。往下降，然后一直往下降，在我们完成目标之前，我决不会离开这个舞台。”

这么说吧，我不会用以前观众们看到的方式进行这次“叫牌出价”了。

“该组织给了我 15 分钟来完成这次竞价，但是我说让我们在 5 分钟内完成。放下你们手中的酒杯，准备好为每一个举手的人喝彩，因为我们马上就要实现目标了，继续加油。”

说着这些话，我就把我曾经感到恐惧的“叫牌出价”环节变成了我随时准备好引爆全场的时刻。给观众们发出一个挑战，让他们尝试去达到那个目标，这给了我站在那里的动力。那观众们呢？他们都很投入，很兴奋，也像我做好了准备那样，准备着迎接那个挑战。他们不再是单个举手出价的捐款者，他们是一群受到鼓舞的人，做好了实现他们的目标的准备。

我紧紧把握住节奏，利用我从现场感受到的能量，就势开始了“叫牌出价”环节。这一次我不是从高到低简单地喊出我想让人们出多少钱，而是举例说明这些钱会为该组织做什么，从而让观众明白他们的钱是如何帮助非营利组织的。30 万美元是我们的目标，并且这个 500 人的群体可以确保我们达到这个目标。为了孩子们。

“为了孩子们的纽约客”组织告诉我以 2.5 万美元开始叫价。然而，受到现场气氛的感染，我从 5 万美元开始叫价。我这么做仅仅是因为，万一那一年有人赚的钱比预期的多，然后想要大手笔地捐赠善款呢？幸运的是，确实有人手头宽裕，也愿意在我们叫价一开始就出一个最高价。我需要做的就是询问是否有人愿意出价，然后我们忽然就离目标近了一大步。在收到第一份捐款后，我得到了大家的赞赏，观众欢呼喝彩，然后我们就顺利开始后面的竞价了。

“感谢这对慷慨大方的夫妇，他们看起来就像汤姆·布拉迪（Tom Brady）和吉赛尔·邦辰（Gisele Bündchen）这对明星夫妇一样，只是比后者更年轻、更成功。我们只剩下 25 万美元的任务了。”永远不要低估说恭维话在销售中的作用。

“你们就是能实现这个目标的人，所以让我们继续加油。”

“我们的下一笔捐款是2.5万美元，这笔钱将用来为10名儿童资助大学礼包，为他们顺利完成大学一年级学业提供他们所需的一切。有没有哪位杰出的、成功的、风趣幽默的先生或者女士愿意捐2.5万美元？”4位捐赠者举起了手。

“就像刚才那样，现在我们距离目标只剩下15万美元了。”当观众轻轻鼓掌的时候，我要求他们为那些不到一分钟就将我们的筹款目标完成了一半的捐款人欢呼喝彩。

“女士们，先生们，你们想看看我多快能离开舞台，你们多快能走进舞池或者喝下一杯鸡尾酒吗？那就让我们继续保持这个势头，迅速完成筹款目标！”我能尽快离开舞台，观众自己很快就能再喝一杯，这种潜在的吸引力给全场观众注入了能量。

“1万美元将为寄养家庭里遇到困难的青少年再购买4套大学礼包，为他们提供生活必需品，如被子、电脑和上大学的交通费。”

10个人举手了，总共10万美元，这意味着我们已经筹集了25万美元，只剩下5万美元的任务了。我感觉这股势头正迅速把我们带向我们的目标。我迅速进入下一个额度的叫价环节，继续充满能量，带动观众保持注意力。

“朋友们，我们已经非常接近你们认为我们可能达不到的那个目标了，但我知道你们肯定会让这个目标实现的。我们已经筹集了25万美元，只剩下5万美元的差距了。让我们现在就把剩下的任务完成吧！”

我把出价额度降到了 5 000 美元。“如果是 5 000 美元的价格，房间里能有 10 个人举手，那我们就能实现目标了。”有人迅速举起手来，但我看得出人数还不够。我快速地依次数了一下举手的人数，时不时地插进一个笑话来持续吸引人们的关注。5 个人举着手，还差 2.5 万美元。

“叫牌出价”环节总会有一个全场热情开始减弱的时间点出现，那就是点出价人数，还有观众喝鸡尾酒到微醉的酒意渐退的时候。是时候再加一把劲儿，并且使出我体内最后一点儿能量了。

“好吧，伙计们。我们只剩下 2.5 万美元的目标了。屋子里只有 18 个人有机会捐赠，但他们所做的贡献会让人觉得他们多么了不起啊。我把金额降到 1 000 美元，让我们看看我们能否达到 30 万美元的最终目标。你们准备好了吗？”

掌声和欢呼声雷动。

再一次，有人举起手来，我大声地数人数。

“1，2，3，4，5，6，7，8，9……我们已经到 1 万美元了！就这样继续下去吧！”

我迅速地数人数，当我们快接近最终目标的时候，我感觉很激动……

“11，12，13，14，15，16，17，18，19……”我偷偷地看了一圈底下的观众。我们离 30 万美元的目标只剩下 6 000 美元的差距了，但是没有其他人举手了。

虽然我在脑子里计算着这些数字，感觉脑袋快要爆炸了一样，但是我知道让观众知道我们距离目标还差多少钱是多么重要。

“朋友们……”我停顿了一下，想制造带有戏剧性的效果。“也许我应该说，我最好的朋友们。今天晚上我们已经取得了巨大的成功——筹到了 29.4 万美元。我想你们肯定都同意在我们筹到最后的 6 000 美元之前，我绝对不能走下舞台吧？所以我想最后再增加一轮 500 美元额度的出价，因为我知道这个房间里的 500 名观众中肯定会有 12 个人愿意为这些了不起的孩子做这件事。但是在我开口之前，请帮我足够大声地为那些准备给孩子们送礼物的人欢呼喝彩，好让他们都能听到我们的声音。”

观众们开始欢呼——他们不再是只希望其他人能举手，好让晚会继续进行的一群被动的人。他们是一个一起努力的统一的团体，每一份捐款——不管是什么额度的——都很重要。

“来吧，伙计们。我要从房间的左边开始数到右边。举起手来吧。”

“1，2，3，4，5，6，7，8，9，10。还差两个！”

当我们接近目标的时候，房间里的能量就像一道波浪，一边汇聚越来越多的能量，一边冲向海岸。我甚至能感觉到我体内的肾上腺素水平在上升，心跳开始加速。我看到观众们伸长脖子看有没有哪两个人举手帮我们完成最后的目标。我的声音嘶哑了。当我看到最后举起来的两只手时，我能感觉到自己激动得都哽咽了。

“11，12，完成 30 万美元的目标了！！”

当你在销售东西的时候，人与人之间的联系和人类的情感有多么重要，是很难用语言来描述的。但是我刚刚见证了这一点。观众对我设定的目标、我传达的信息及和我一起踏上实现目标之旅的意愿做出了回应。我快要哭了，我敲下拍卖槌，在更响亮的掌声中迅速退场。“为了孩子们的纽约客”组织的新任执行董事在台下等候着，她自己也泪流满面。

目标本来是 25 万美元，但是我知道，如果我设定一个目标并带领现场的观众一起为之努力，那他们就能帮我们筹到 30 万美元。

做销售需要远见，需要有故事，需要有一个领头人带着一群人一起走上讲述故事的旅程。在舞台上进行拍卖时，我就是当中最有能力的女人。但是在你生命中的任何时候，任何地方，那个最有能力的女人都可能是你。因为最强大的女人是一个知道如何有效地告知一群人她本人的个性及她的想法的女人。她是一个以身作则来引领别人的女人，她向她周围的人证明了数字充满力量，那些和她一道鼓励其他人的人也充满力量。她是这样一个女人：设定一个目标，清楚地表达这个目标，并将这个目标贯彻到底；她明白，领导力关乎人与人之间的联系，她不仅要通过自己来鼓舞他人并与他人沟通，还要鼓励其他人这样做。数字、观众群、支持和人与人之间的联系可以产生让人难以置信的强大力量。沟通、参与、激励和引导。最强大的女人不必是嗓门最大的人，因为她有信心把她的愿景推销出去。最强大的女人并不是一个人在行动，她也不想一个人去行动。就像她希望自己成功那样，她希望每个人都能成功。数字具有力量。数字体现能力。但最重要的是，领导力就是能力的象征。

她们的现在就是你的将来

——找到她们的信念并建立与他人的联系

玛丽·艾丽斯·斯蒂芬森

GLAM4GOOD[①] 公司创始人兼 CEO

你要将你的需求尽可能大声地喊出来！如果人们不知道你需要什么，他们就无法帮助你。你每天要用各种方式提醒人们你的工作对你有多重要，告诉他们如何及为什么要去支持你！记住，如果你不在乎这一点，没有人会在乎它。如果人们不理解也没看到某件事，他们就不会给予它支持。所以，你需要告诉他们。

① GLAM4GOOD 是一家通过美妆和服饰来促进社会、环境向更好的方向发展的非营利组织。——编者注

劳伦·布罗迪

《妊娠第五阶段》的作者，妊娠第五阶段咨询公司创始人

在我的第一个儿子出生后，我回到了工作岗位。生孩子、带孩子这段经历让我不断受挫，直到有一天开会中场休息的时候，我团队的一个年轻同事过来向我道谢，说感谢我能这么坦然地接受自己遇到的困难。她说她非但没有被我的经历吓到，反而觉得她某一天也可以做到我这样，包括熬夜、长黑眼圈等所有的辛苦。这是一个启示。从那时起，我在工作上的成功绝对不只体现在可交付的成果中，而且体现在团队建设及对整个未来的职场父母群体的指导中。

几年之后，我就把我要写的一本书的计划书卖出去了。这本书旨在帮助女性度过我所说的“妊娠第五阶段”，即产后重返工作岗位的阶段。很快，我就再次认识到了群体的力量。凭良心讲，我不能仅仅依靠我自己的经验——对我来说，产后重返工作岗位的经历是辛苦的，但我也确实享受到了某种特权——来写一本书。我调查并采访了其他 800 位新手妈妈——小时工、单亲妈妈，当然还有很多《财富》500 强的高管。在我分析数据并整理采访稿的时候，我这本书的框架就形成了。我采访得来的答案可能不是最全的，但是总的来说，我们能肯定的是：这 800 名女性已成为大众的“职场妈妈大导师”，引发了一场关于“妊娠第五阶段”的运动，这件事也成为我一生中最有意义的一件事。

迪·波库

WIE[①] 创始人兼 CEO

你成功的秘密就在于你的人际网，没人能够在没有人际网的情况下获得成功。我是一个典型的“工蜂型”的人，总是第一个进办公室，最后一个出办公室。我深深地相信，只有努力工作和天赋才能让我到达我渴望到达的位置。事实也确实如此。努力和天赋能带领你走得更远。但是如果没人注意到你，那前面说的这些都不会实现。如果你在积攒能量的过程中没有能支持你的人，那么上述成就也不会实现。重要的是要有一群强有力的盟友，他们可以为你引路，帮你打开大门，帮助你实现自己的目标。什么时候开始都不晚。你要成为后来者的良师益友，成为你同事的盟友，与你的老板和其他高层领导建立牢固的关系。你要结交行业内外的朋友。请别忘了提出你的请求，在给予的同时也要学会接受，你会发现你职业生涯的轨迹将发生翻天覆地的变化。永远记住，当一个女人强大起来时，我们所有女人都会强大起来。

① Women Inspiration & Enterprise，简称 WIE，是一个致力于为女性提供建立人际网的机会的平台。——编者注

最强大的女人

会　　●●●●●●

6

重视浅层社交

有一位“人脉王”，他在每个他去过的地方都会给别人留下联系方式，从当地的咖啡店到学校的篮球赛，再到周日的教堂。我就是看着这样一个“人脉王”长大的。如果一个看门人为我父亲开门，他们会用一只手接过我父亲递过去的名片，同时用另一只手把门关上。我父亲去过的任何一个地方，都像一个他生活了 50 年的地方一样——他已经认识这个地方的每个人了。至今我都记得他那堆放满了他收集来的名片的文件夹，这可是某个可怜的实习生花了无数个星期整理出来的。这么说吧，不管是谁打开 Outlook 邮箱，当看到留有联系方式的邮件时，都会觉得松一口气。如果你问我父亲商业成功的关键是什么，他的答案很简单：要么建立人脉，要么完蛋。

现在，我有 99% 的把握确定，他指的是如果不建立人脉网，你就没有新客户，这样生意就会慢慢地变得冷清。对我个人而言，不建立人脉网的话，我做事也会失败。

然而，我并不是时时刻刻都会去尝试这么做。当我开始工作的时候，我会采用他的建议。

从过去到现在，我都在不断地积累人脉，未来我也会一直这样做的。

那么，接下来我就说一些要给你的建议。

在每个阶段你都需要建立人脉网。

高效率的人如何建立人脉网

毫无疑问，建立人脉网是免费的——我再说一遍，免费的——一件你在一生中都可以做的事。你可能没有意识到你已经拥有了一个庞大的人脉网：从你出生的那天起，你就一直在建立你的人脉网；你遇到的每一个人，你的每一次互动，都在建立一个可以被利用并可以被最大化的人脉网。最终，正是你培养和发展的人脉网，将你和其他同样做销售的人区分开来。因为，说到销售，你的人际关系有多好，你的销售就能做多好。但是，如果除了你自己的人脉网，你还知道如何利用别人的人脉网，那你在利用职场社交平台领英（LinkedIn）的时候就可以节省很多时间了。

现在，你在想的可能正是我在刚开始工作时的想法：当你刚踏入职场的时候，你是如何迈出第一步的？

你是如何建立人脉网的？

一旦你被雇用，你应该如何建立人脉网呢？

在过去那个年代——我喜欢称搜索引擎出现之前的日子为“过去那个年代”——建立人脉网是一件令人望而生畏的事情。有些人很幸运，仅仅因为他们上对了学校，他们就有机会接触到潜在的雇主、捐助者和投资者。也许是因为他们认识合适的人，或者甚至是因为在他们成长的城市里，他们有机会在某个办公室的等候室里露面，直到某个重要的人物能够看到他们。实际上，回过头来看那个时候，只有当你和某个人进行了一次面对面的会面，并在见面后拿到一张有形的名片时，你才会认为这个人是你人脉网的一部分。如果一个人没有这些优越条件，那么要想追踪到这个行业中某个他感兴趣的人，获得一张名片，并有机会与其进行会面，那将会很难。

现在，情况完全不同了。我们生活在一个信息就是热点的时代。上网搜索一下，你就可以找到任何一个领域里前十名的公司或杰出人物。你可以在领英、Bumble Bizz 和 Shapr 这样的职场社交网站上，通过发送电子邮件请求与上至 CEO 下至实习生的任何人通电话或者用邮件交流。这些网站会根据你的技能和你的人脉网，为你匹配你可能感兴趣的工作机会，这让找工作变得很容易。在短短 5 分钟内，你就可以找到并联系到给你提供理想工作岗位的人。这个人每年可能会收到对这个岗位感兴趣的求职者发来的数百封邮件，所以，接下来你就要用你精心设计的“敲击法”让自己从这数百人中脱颖而出。

让我们假设你确定了那个合适的人，想出了怎么用一招制胜的“敲击法”发送一封电子邮件，并且成功吸引了你找到的那个人，他也同意和你通电话，或者更好的情况是，他同意和你会面。

注意我接下来说的话，因为这虽然看起来很简单，但是我可以以个人经验告诉你，一般人是不会这么做的。

你必须先调查一下你要与之建立人脉关系的人，再和他们通话。要想让某个人成为你人脉网的一部分，你首先需要表现得很突出，而且应该在适当的领域表现得突出，这样他们才会记住你。

我都数不清进行了多少次这样的面试了。前来面试的求职者坐在我对面或者在电话那头不知道自己要说什么。此外，他们似乎不知道他们为什么打电话给我，也没有为面试做任何准备。在结束了这类面试后，我经常刚放下电话或刚回到办公桌前就记不起他们的名字了。所以，我给出以下 3 条建议，它们可以帮助你在面试的时候给对方留下深刻印象：

1. 准备好和面试相关的问题清单再进行面试。让面试官知道你了解他们公司是做什么的、面试官的岗位角色是什么，并且让面试官知道你愿意花时间对其所在的行业动态进行研究。
2. 清楚地告诉面试官，到你人生的这个阶段为止，你一直以来都在忙什么事。给面试官举一两个有趣的例子，好让面试官在以后见面时能记住你（比如，你刚刚环游了欧洲，再也不想住旅馆了；你有6个兄弟姐妹，因此很擅长解决冲突；你喜欢尝试去新的餐馆吃饭，但是在昨天晚上去的一家餐馆，你在吃饭的时候发现了一只老鼠，所以你以后再也不会去那儿了）。

3. 有效利用你的时间，以及面试官的时间。提前几分钟到，这样一来，面试就能在约定好的时间开始。要知道面试的时间安排，这样你就可以在规定的时间之内答完最后一个问题。虽然如果面试官喜欢和你谈话，他会不断拓展交流的话题，但被面试者要是能意识到在这个面试之后面试官可能还得进行下一个面试，那就非常讨喜了。

当最强大的女人想要建立人脉网的时候，她会在发邮件、会面或打电话之前做好准备工作。她应该尽可能多地了解那个公司和她要联系的那个人，甚至应该为她冷不丁打的这个没有预约的电话面试制订一个议程，以显示她准备充分、效率高、尊重他人的时间的品质。

对于你们当中那些足够幸运能考上一个有强大的校友服务项目的学校的人来说，要充分利用好校友服务。如果没有，你就要学会使用互联网上的其他资源，如领英或脸书（Facebook）上的校友群。去联系在你想进行采访、应聘或推销的那个城市里的每一位校友，约他们见面喝咖啡，甚至是在他们从一场会议赶赴另一场会议的路上陪同他们并借机交流（当你的校友不多或者他们的时间不多时）。

我说的不是发短信，不是用推特（Twitter），不是用狗耳朵道具滤镜给他们拍一张你的照片，而是亲自去见他们——就算只见15分钟也行。见到某个人的面，有助于让人记住你的名字，而在电子邮件里我们很容易就把名字跳过去了。不管他们是否在你感兴趣的领域工作，这一点都很适用。如果某个人在他所在的领域做得很成功，那么他们很可能有自己强大的人脉网。如果你能给他们留下一个好印象，他们就可能愿意把你的信息传递给他人脉网中的其他人，这些人可能会帮助你获得你真正想要的面试机会。你的人脉网建得越大，你就会越富有。如果你总是在思考“要么建立人脉网，要么完蛋”这个问题，那你的人脉网将会发展得比你想象的还要快。唯一一件比拥有自己的人脉网更好的事情，就是给那些拥有超强人脉网的人留下深刻印象，这样他们才可能把他们的人脉网向你敞开。一夜之间，你的人脉网的规模就翻了一番。就拿你新的最好的校友朋友来说，你们已经有了情感上的联系——你们的母校，谁不喜欢分享他们在高中、大学或商学院期间的经历呢？

你的亲戚中有没有人认识在你感兴趣的行业工作的人呢？有的话就联系他们，请求他们给你介绍，然后马上跟进。最强大的女人不会把时间浪费在胆怯上，她也不应该这样做。任何在事业上发展到一定阶段的人都已经习惯了别人的这种请求，了解这一情况的我们也都知道，我们理应进行这些通话、会面，或者请那些人喝一杯咖啡。我们可能会找到下一个助理，学习一些新东西，或者仅仅是通过与某个对我们的行业极具热情的人进行交流而感到重焕生机，他们也提醒了我们为什么当时我们会选择这个行业。无论是否进行了会面，记住一定要和那位“家庭朋友”联系，反馈情况，让他们知道结果。建立人脉网就是一种持续的交流，在这个过程中，越多的人知道你处于哪个位置，他们就越能帮助你进入下一个阶段。

受邀认识新朋友，永远回答“好”

当那些正在找新工作的朋友或同事请求我帮助时，我几乎总是建议他们先查看一下我在领英上的资料，让他们找找我认识的人中有没有对他们找新工作可能有帮助的人。如果我认识你，而且你给我留下了很好的印象，那我就会非常乐意从我的人脉网中找到某个人，然后让你和他建立联系。我已经有好多年没有在领英请求添加别的联系人了，但我仍然有成千上万个联系人，因为我会收到来自很多人的请求。那些主动联系我的人之所以这么做，是因为他们预见到我可能会帮助他们，或者他们认识某个可能认识我的人。如果是这样，很有可能我在未来也会需要他们的服务或帮助。

所以，在这个理想化的状态中，一切都很顺利。虽然你已经在一家公司找到了你心仪的工作，但是你仍然处于入门阶段。

你在工作中如何一步步往上爬？

你如何增加你的知名度并增强你人脉网的忠诚度？

你应该利用每一个机会去和别人见面。当有人邀请你去做一些可以让你认识更多人的事情的时候，永远要回答“好”。

正如我之前提到的，我第一次实习的具体工作就是撕纸，然后就是把吃饭的桌子擦干净，这样我就可以用它来做其他的事情，比如打包礼品袋。第二次在项目部门实习的时候，我真的想在工作的地方放个床垫——拍卖行业旺季的时候工作是连轴转的。拍卖行的项目部门全天都有拍卖活动——每个白天和每个夜晚都有活动。项目团队的 3 名成员会将工作任务平均分配，这样他们就不必全程关注着每个活动了。

但是别忘了，那时我正悬在陡峭的职业生涯阶梯的最底端，所以我的工作方式需要与别人不同，而且要有影响力。即使是在早年，在我还没有清楚地认识到我的职业轨迹会是什么样的时候，我也确信，如果我想要进步，我就一定需要有人指导我来帮助我前进。

我的策略是什么呢？努力奔忙着。然后我就采用了“要么建立人脉网，要么完蛋”的策略。我让自己成为一名对团队来说具有不可估量价值的实习生。举办每一场活动时，我都会在那里待一晚上，充当迎宾员、登记报到人员、会场上从这个区域转到另一个区域为客人做指引的助手。有几次，当客人一窝蜂地集中到达时，我就迅速来到了衣帽存放处帮客人挂大衣——我可以做让我能有机会和资深的前辈（他们在办公室工作了漫长的一天后终于有机会喝杯酒放松一下）或者和公司的客户接触的任何事。我记住了他们的名字，记住了他们的样子，并试着记住他们跟我说的话或他们穿的衣服，这样我在下次见到他们的时候就可以和他们聊这些了。在我 21 岁做实习生的时候，我负责为客人登记安排晚餐。从那时起我就开始建立自己的人脉网，而那时建立的人脉网，在几年后我主管项目的时候，转变成了我得以充分利用的人脉网。

如果读这本书的时候，你还在上大学，并且即将开始在一家公司做你的第一份实习工作，你要记住，无论公司要求你做什么，你都要积极地去做。即使你的实习工作看起来完全是在浪费时间，但是你在其间逐步形成的人脉网和正在建立的人际关系，将成为你终生职业生涯的基石。尽管你可能只在一个特定的团队实习，但是你能进入那栋大楼工作就意味着你有机会见到该公司的任何人。最强大的女人从她实习的第一天开始，就在规划自己的职业道路，直到她最终得到自己想要的东西。

公司内部的人脉与外部人脉同等重要

但是如果你有一份工作，并且做这份工作已经有几年了，那么你该如何继续扩大你的人脉网呢？

在职业生涯中，前进的过程就是认识人的过程——认识对的人并给他们留下好印象。大多数公司内部都有很多建立人脉网的机会，要充分利用各种类型的社交聚会去尽可能多地结识你的同事。在这样一个每个人都喜欢用电子邮件发送评论、想法的时代，在工作场所和同事建立个人联系是至关重要的。我总是惊讶地发现，人们通过电子邮件进行争论时，冲突可能迅速加剧，而如果人们面对面坐着，那么这种争论可能根本就不会发生。一次又一次将我从争论中解救出来的方法就是我向我的团队建议的方法："离开键盘，退出电子邮箱，拿起电话给他们打电话，然后走到他们的办公桌前。"如果有些事情不能在他们的办公桌前得到解决和探讨，那就和他们一起喝杯咖啡面谈；如果你想让气氛更加热烈，你可以跟他们一起喝杯酒。你在公司内部的同事关系和在公司外部的人际关系对你的人脉网同等重要，因为这样做不仅可以让你每天都在一个愉快的环境中工作，而且你的一些同事可能会离开现在的公司去其他公司工作，这也为你带来了机遇：如果你也想去另一家公司工作，你当然期望你以前的同事不会在你面试的过程中或在你进入新岗位之前对你做出负面的评价。此外，如果你的同事要跳槽到新的公司，而你们关系很好，那么你就又掌握了一个新的人脉网。

对于那些有潜力晋升到公司高层的人，我的建议是时刻关注公司的实习生和基层人员。很多时候，建立人脉网的终极目标是发现优秀人才，并培养这些人去争取更高的岗位（无论是在公司内部的还是在公司外部的岗位）。你听过"水涨船高"这个词吗？尽管可能这个词的原意不是用来描述你建立属于你的人脉网的，但是在我看来，这个词在帮你建立人脉网上确实有用。

在我在佳士得工作20年的职业生涯中，我有机会与非常出色的实习生、助理和资历尚浅的员工共事。对于那些工作努力、心甘情愿全身心投入工作而给人留下积极印象，在面对挑战时无所畏惧的人来说，我很高兴在他们寻求下一步发展的过程中将他们推荐给别人。尽管你可能会认为你的人脉网是由公司里的同事和位置比你高的领导组成的，但是事实是，你在职场工作的时间越长，你在职业生涯初期结交的人就会变得越重要。早年我在佳士得实习时带我的那些人现在都已经成为各自领域里的佼佼者。他们之中有的就职于高盛[①]、芬迪[②]这样的公司，有的在世界各地拥有画廊，有的已经创办了自己的公司。因为当他们和我在一个团队工作的时候，我就已经花时间去了解了他们，并且这些年来一直与他们保持联系，所以不管在什么时候，当我想在一个我不熟悉的领域寻找信息时，那就是打一通电话的事儿。我会经常和他们打电话、喝咖啡，和他们保持联系，因为他们能拓宽我建立的人脉网。我也真的很高兴看到他们成功。而当我想找人为我这本书提供意见或者事例的时候，我联系了我以前的几个实习生，问他们是否可以把他们人脉网里认识的人介绍给我。

今年早些时候，我接到我人脉网中一位女强人的电话，她建议她的一个为《福布斯》杂志撰稿的朋友采访我，写一篇关于我做销售的文章——我人脉网中的人就是这样利用他们的人脉网来帮我的。在我们第一次交谈几周后，一篇题为《佳士得一位顶级拍卖师谈推销你的愿景及其他几点建议》的文章就被发表了。在我的第三条建议“建立人脉网来巧妙处理你的故事（并提高你的胜算）”中，

---

① 高盛集团（Goldman Sachs），成立于 1869 年，是全世界历史最悠久、规模最大的投资银行之一，总部位于纽约。——编者注

② 芬迪（Fendi），意大利著名奢侈品品牌，于 1925 年正式成立于罗马，专门生产高品质毛皮制品。——编者注

我说：“建立人脉网是所有销售行为中最重要的一部分——推销你自己、你的愿景、你的生意。”几周后，这句话从这篇文章中被挑出来发布在了《福布斯》的照片墙账号上，两天之内就获得了 37 000 多个赞。很明显，我不是唯一一个了解良好人脉网的价值的人！我提这一点的意思就是想向你说明，在你成为别人的人脉网的一部分的那一刻，你的人脉网是如何发展的。记住，我不认识《福布斯》杂志社的任何人，一位拥有自己人脉网的女强人却可以认识在《福布斯》工作的某个人。

最强大的女人知道，建立属于自己的人脉网对她的生活和事业上的成功至关重要。现在就是最佳时机。就从今天开始，挑战一下自己，尝试发展壮大你的人脉网吧。设定一个对你来说比较现实的目标：每两周和一名新同事共进午餐或喝杯咖啡；每个月通过领英与他人见一次面或通一次电话，了解他们的人生历程，并告诉他们你的经历；和某个人在操场上或者放学后一起玩，每学期约定一个时间与他聚一次会。记住，建立人际关系不是为了工作，它是为了在个人层面上了解一个人。你的人脉网越多样化、越广泛，你就越容易推销你的想法和愿景。这完全关乎你的人脉网，或者就像我父亲说的：“要么建立人脉网，要么完蛋。”

她们的现在就是你的将来

——建立并运用她们的人脉网

亚历山德拉·里本萨

被《财富》杂志冠以“华尔街女王”的称号

很多女性不知道建立人脉网该从何做起。让我说的话，那就是做一个参与者。无论是公司内部的团体、其他组织还是慈善机构，这个世界从来不缺少结识朋友的地方。我认为，参与慈善组织是建立人脉网的最佳途径之一。在那里，你不仅有机会接触到很多来自各行各业的、怀着共同的做好事的热情而聚到一起的人，而且还有机会遇到一些身居董事会或其他领导岗位的很有能量的人。

很多人以为建立人脉网就是要参加各种活动，见很多人，但是实际上最重要的是要培养一群对你有帮助的人，同样重要的是，你对他们也有帮助。当我见到某个人并与其进行了某种有意义的交谈后，那么这个人不仅和我有了实际的接触，也进入了我精神上的联系簿。我开始循序渐进地了解这个人。如果我看到关于某个人或他的组织的好消息，我就会发一封简短的电子邮件给他。当我知道了一些可能不是很好的消息时，我也会主动和别人联系，对其进行安慰。比起那些表示祝贺的，人们更喜欢这样的邮件和电话。你要弄清楚你怎样才能以一种对别人有利的方式把你认识的人互相联系起来，要想办法做到这一点，比如你可以组织一群人共进午餐或晚餐。

建立人脉网时要记住一些重要的规则。比如，你在和别人第二次联系的时候不应该向别人要求什么东西，这种方式会立即让别人对你失去兴趣。再比如，有时，当你努力去联系某个人，但是他对你没什么回应时，那就别再找他了，继续去找那些有意愿的人吧。

阿什利·迈尔斯

Refinery29[1] 首席客户专员，广告业务主管

虽然建立人脉网对成功至关重要，但我相信，在互相投入的基础上建立的真正的、有意义的关系，才是发展你的事业和个人世界的重要途径，同时，你也能在这些关系中找到乐趣。在日常生活中，我经常接触那些在我之前取得了巨大成功的了不起的女性（曾经的老板、业内"大咖"、导师），以求从她们人生的"胜利"和错误中学到经验。我也和年轻人打交道，他们让我对现在的年轻女性认为很酷、很重要的事物有所了解。我花了很多时间从我们行业内外那些富有创造力的有远见者和企业家那里寻找灵感，以此丰富我的想法和思维。生活时尚品牌 Refinery29 的创造性才能是我灵魂的良药，每天通过诸如"29 间屋"（29 Rooms）和新的发明等获奖项目，与世界上最具影响力的品牌和机构合作，让我不断获得灵感，同时，这也在拓展我个人的和职业上的人脉网。

① Refinery29 是一个搜罗全世界时尚潮流资讯的网站。——编者注

蒂芬·耶恩斯泰特

PVH 集团[①]通信部高级副总裁，Talk Shop 公司创始人

人脉网可以帮助你了解其他的岗位、职责、组织架构和公司。当我在我的岗位上或公司里感到很艰难的时候，人脉网让我意识到很多人都面临着同样的挑战，不论他们处于什么行业、什么公司或者什么岗位。

人脉网可以帮助你再次确认你是否处在合适的位置，它也可以激励你继续为合适的岗位奋斗，或者换一家公司去找一个更适合你的岗位。

我相信人脉网可以帮助你成为一个更加见多识广的专业人士和管理者。网络信息非常珍贵。听一听其他行业的通信部工作人员是如何克服困难的，这会给你带来极其丰富的学习经验，你可以将这些经验带给你的团队，并应用到你自己的公司里。

最重要的是，相较于其他方式来说，通过社交和与人交往来学习和成长更有趣！

① 美国 PVH（Philips-Van-Heusen）集团创建于 1881 年，现在是全球第二大服装集团，经营男装、女装、童装、鞋类等多种自有和授权品牌商品。——编者注

最强大的女人

会 ●●●●●●

7

自信表达

如果你仔细想想，你就会发现，从你在父母跟前张开嘴巴牙牙学语的那一刻起，你就开始练习公开演讲了。

上学前班的第一天，当你举起胖乎乎的沾满胶水的手回答老师的问题时，你就是在公共场合演讲。当你在小学四年级的表演中紧张地和别人站成一排扮演一棵树的时候，你就是在练习公开演讲。此外，在你最好的朋友的婚礼上，你在喝了太多杯酒之后发表的那段漫无边际的讲话，我们也可以把它算作公开演讲。即使你是在一个仅有 4 个人的会议上发言，你也是在练习公开演讲。当有人让你站起来做一次演讲或在一个有 12 个人的房间里做课程展示时，你会觉得这没什么大不了的，对吧？

扪心自问，你是否遇到过下列情况：有人邀请你做一次演讲，你同意了，因为你觉得这似乎是个好主意，然后你开始思考你要说什么。你写了演讲稿，但是在前一天晚上，你睡不着，然后你开始担心自己第二天会因为太疲累而说不出话来，所以你整晚都辗转难眠。在一整天都感到疲惫和轻微的恶心之后，这一刻到来了，你站起来做演讲。你的肾上腺素激增，你发现你的膝盖和腿就像果冻一样软，你抓着你的演讲稿，好像上面的字是歌手蕾哈娜的一首从未发布过的歌曲的歌词一样。[①] 当你张嘴说话的时候，你的声音突然就变了。你唯一记得的就是当你最后说"谢谢"并结束演讲的时候，你感受到了前所未有的轻松。

我参加拍卖会已经有 15 年左右了，我每年会参加 70 到 100 场拍卖会。这么说吧，平均算下来，我实际的上台次数在 1 050 到 1 500 次。关于慈善拍卖有趣的地方就是，在我上面描述的那个噩梦般的场景中，至少你有机会为你的演讲做准备，还能排练几次。我可以告诉你，如果你本来就对公开演讲感到紧张，那么慈善拍卖对你来说就会像在地狱般痛苦。每次我登上舞台的时候，我通常会估算一下观众们希望拍卖持续多长时间（通常是 30 分钟左右），并准备一张写满了字的纸，如果一直读而中间不停顿，需要 2 分钟左右读完。所以，在其余的 28 分钟，我要想出足够有趣的内容来让观众开心，并筹集尽可能多的钱。这就像你驾车沿着州际公路行驶在非常平坦的道路上，然后突然转向通往亚马孙丛林的一条道路一样。我把这比作"我一边进行公开演讲一边有人朝我脸上扔网球"。

---

① 蕾哈娜作为歌手很出名，她未发布的新歌肯定很受期待，很不一般，此处表示自己攥着演讲稿时战战兢兢的状态。——译者注

在拍卖会开始的前 5 分钟，不可避免地就会有某个喝多了的客人开始大声说出他的内心独白，或者对我起哄，好像他觉得我们是在体育场而不是一场正式的晚宴上一样。活动开始后 10 分钟内，活动组织方的一名工作人员通常会想起一些她忘记告诉我的事情，然后开始向我疯狂地打手势，想要比画出她觉得我应该能猜到的事，同时我要追踪着竞拍者、他们的举牌号，还不能忘记我本来对此次竞拍的构想。在拍卖结束的时候，服务员可能会在舞台前碰倒了一只杯子，杯子摔得粉碎；某个人的电话可能大声地响着铃声；可能会有一只小狗跑到舞台上，而这只狗是我们本想作为一个惊喜而为观众准备的拍品。最初几次上台的时候，我会感到紧张不安，因为我永远不知道下一秒会发生什么。但是经过这么多年的实践，我发现每位观众都像一块没有明确边界的拼图碎片，关键全在于我如何想办法用一些足够有吸引力的方法把这些拼图碎片拼到一起。

为什么演讲对女性至关重要

我并不是想让你在人生接下来的 15 年里不断追寻下一次公开演讲的机会，相反，我是想把我这些年来学到的一些关键的经验教训分享给你，帮助你以前所未有的轰动效果完成你的公开演讲。我建议你在演讲结束后去一趟洗手间，然后偷偷地听别人是怎么评价这次演讲的——“这是我听过的最好的演讲”或者“我笑了，我又哭了——那个女人怎么没成角儿呢?”不管你做的是一次大学课堂上的课程展示，或一场向投资者推介自己公司的至关重要的演讲，还是你因为喝得太醉了，在你最好朋友的彩排晚宴的演讲上失去了理智，而找机会和她解释道歉，你都可以这样做。成为一名优秀的公开演说者，对于想要成为最强大的女人的你来说，至关重要。

佳士得每年会举办两次对潜在的慈善拍卖师候选人的选拔赛，比赛由我主持。选拔赛会持续 3 到 4 天，公司里的任何人都可以参加。选拔赛课程开始时有 15 到 20 名候选人，最终，我会从中挑选出那些能代表佳士得在美国各地参加慈善拍卖的候选人。就像黄金时段的真人秀节目《幸存者》和《未婚女子》那样，我会把 15 到 20 名候选人缩减到 3 到 4 人。幸运的是，你不用长途跋涉，步行的距离不会超过你的办公室到楼下拍卖大厅的范围，赛程也不会持续太长时间，不会久到最后你和在场的某个可能只见过 9 次面的人都可以订婚的地步。但是与这些节目不同的是，从选拔赛中脱颖而出的奖励不是 100 万美元、一辆车或一个灵魂伴侣，而是你可以有机会随时代表佳士得走上舞台，去支持世界各地的慈善机构。这个机会对公司里从新来的助理到最高层的主管的任何人都是平等的。但我要告诉你，佳士得的那些最成功的慈善拍卖师并不是靠他们的资历获得这种地位的，相反，他们是那些尽可能多地参加拍卖会的人——一个夜晚接着一个夜晚，一个周末接着一个周末，一个假期接着一个假期，到全美各地，甚至有时候到世界各地出差，磨炼自己的技能，这样他们就能从容应对各种各样的舞台和观众了。尽管你所在的公司可能没有拍卖这样的机会，但是你仍然可以在你每天的生活中练习公开演讲。

就像生活中的所有事情一样，这需要练习，大量的练习。

所以，请你闭上你的眼睛，想象一下你穿着自己最喜欢的衣服——就是那种穿上就会让你感觉自己像一个百万富翁的衣服——和我一起走进位于纽约市的佳士得拍卖行的主拍卖室。

为了让你了解世界领先的拍卖行的慈善拍卖师是怎么做的，我想带你体验一下我是怎样识别出行业中一些最优秀的人并对其进行培训的整个过程的。即使你没有打算搬到纽约市为佳士得工作，你也仍然可以用到这些经验，以确保无论什么时候在公共场合进行演讲，你都是最强大的女人。通过解释我做这些决定、选择这些人的原因，我希望我能帮助你了解，你应该注意什么，由此让你在下一次的公开演讲机会中一举成功。

在选拔赛的第一天，所有候选人都到了。他们坐在我们拍卖室的椅子上，就好像他们在参加我们主拍卖室的一场拍卖活动一样。我们在他们面前摆放了一个木制的台子，上面放着一把拍卖槌。主席台前面大约有 20 个座位，我们在主席台后面放了一架摄像机，用以记录下每个候选人的表现。他们大多数人坐在那里小声交谈或者紧张地翻阅一本印有拍品的书，那是我要求他们在此次拍卖会之前浏览的。前 30 分钟，我讲了一下选拔赛的基本规则，告诉他们我们选拔慈善拍卖师的流程是什么样的，并向他们描述我要挑选的是什么样的慈善拍卖师。整个过程我都表现得非常有礼貌。

接下来我就开始动真格的了。

“现在，我希望你们每个人都能站到台上，讲一个故事、一个笑话或一些你们想与所有人分享的事物，时间限制在 2 到 3 分钟。我给你们几分钟思考一下，然后我要找一个自告奋勇的人先开始。”

现在，请你想象自己就是他们中的一员。你能感觉到你的心跳开始加速了吗？你的脉搏呢？我还记得在我参加选拔时，那个拍卖教练对我说这些话的时候我的感觉，我的胸口感觉越来越堵，好像有冰水从我的血管中流过一样。

凭借站在台上的有利位置，我可以告诉你们我看到了什么。

困惑、惊慌、恐惧，主要是恐惧……我看着候选人表现的这些情绪。当他们抬头盯着我看的时候，他们的脸上就会流露更多的情绪。你要知道，我可能和选拔赛中每一个我要评测的人都共事过。在我们一起开会或一起走下拍卖场的时候，我们的交流是友好而愉快的，在某些情况下，他们甚至会自然而然地告诉我他们本来想站起来跟所有候选人讲的故事。但出于某种原因，一想到要站在他们认识的 20 个人面前讲故事，他们每个人就都想冲出门外，再也不回来。

值得庆幸的是，他们大多都留下来了（尽管这些年来，到这个节骨眼儿上已经有些人退出了比赛）。

我给所有人 5 分钟思考他们要说什么之后，我问有没有人自告奋勇站出来。在 99% 的情况下，我会是那个第一个主动站出来的人，而在 90% 的情况下，第一个主动上台的人都能通过选拔。这种人天生就是做销售的料，对他们来说，销售和演讲是他们基因里自带的天赋。坦率地说，班上其他 19 个人可以松一口气了，因为那个主动站出来的人成功地让他们又多了 5 分钟来准备他们的故事。你可能既会因为那个敢于第一个站出来的人的天赋而嫉妒他，又会因为他为你争取了时间而喜爱他。当那个人用幽默、眼神交流、放松的姿势、撒手锏般的妙语连珠等技巧完成了他那令人惊叹的故事演讲，征服了所有人之后，就开始轮到剩下的那些人了。对我来说，有趣的部分开始了。

接下来的一个小时，我将观看每一位候选人讲述他们的故事、笑话，或进行在那一刻他们脑子里能想出的任何表演，然后评估谁适合在接下来的三天里继续比赛，并在接下来的一个月里登上舞台做一场小型的慈善拍卖会。

当我看着他们每个人讲述自己的故事时，我做了大量的笔记作为参考，同时关注了以下内容：

1. 这个候选人能独立思考吗？还是他们的思路总是中断呢？他们能够以一种吸引观众注意力的方式来讲述故事吗？
2. 他们在舞台上的表现让人看起来舒服吗？还是他们经常显露对观众来说很明显的紧张的表情呢？当他们演说时，他们能对观众敞开心扉吗？他们是经常和观众进行眼神交流，还是只盯着地板看呢？
3. 他们选择的是什么样的故事？他们选择的是幽默的、动人的故事，还是真诚的故事呢？他们是使用巧妙风趣的话语讲故事，还是平铺直叙地讲故事呢？

虽然这些都不足以致使候选人在选拔中被淘汰，但是我需要了解必须立即解决的问题是哪些，以便弄清楚该如何训练每个候选人。为了解决这些问题，我在接下来的几天里将逐一处理每一项内容。

第一天比赛之后被淘汰的候选人不可避免地会在接下来的几周或几个月里到我的办公室询问他们被淘汰的原因。我的答案几乎都是一样的：如果演讲不是你的一种天赋，那么你需要像在健身房锻炼肌肉那样去练习演讲。如果你想做到真正擅长演讲，那么你需要像演员格温妮丝·帕特洛（Gwyneth Paltrow）使用“特雷西·安德森法”①做健身操那样去练习。你可以用的方法有很多。随着时间的推移，你练习得越多，你的技能就会越强。我知道你们很多人都在想，你们所在的办公室或者某个地方没条件让你在一群人面前练习。这一点我就不同意了。其实，在生活中，你随时都在面对一群观众。今年这一年，单单在我的孩子们的学校里，我就花了不少于10个晚上开家长会，每次在家长会上我都会问一两个问题。在工作中，我经常与很多人开会，我需要在会上发表评论或详细阐述某个观点。主持拍卖会的日子里，我发现我几乎整天都在练习在舞台

① 特雷西·安德森（Tracy Anderson）曾经是一名舞蹈演员，是好莱坞塑身天后、顶级健身教练，独创了塑形健身方法“特雷西·安德森法”。她是奥斯卡影后格温妮丝·帕特洛的生意伙伴，已经出了4张关于塑形的光盘，还出了一本书，名为《特雷西·安德森30天训练法》。——译者注

上热场的技能；和我办公室的人练习讲笑话的技能；在吃午饭的时候和与我坐在同一排的陌生人打开话匣子聊天；在排队时向站在我前面的那个人练习销售的技术，看我能不能把柜台上摆着的某件东西卖给他。我会和一个朋友、助手、陌生人或只见过几次面的人练习某项技能。很多时候，他们甚至都意识不到我在练习。我可以在与他们交谈的过程中试验一些笑话或谈论一些当天的相关话题，这样我就可以将其用作当晚拍卖会的素材。你练习得越多，你就会做得越好，也越容易提升自己的表现。解决人们在公共演讲中面临的大部分问题的最简单的方法，就是在演讲之前做足准备工作。我不是说让在你浴室的镜子前再读一次演讲稿，而是让你对着不同的人一遍又一遍地说话来锻炼演讲能力。你需要在你的脑海里一遍又一遍地思考，然后用你能找到的任何方式去练习。在拍卖选拔赛的课程上，我会给参赛者设置一个艰难的情境，看他们表现如何。你们大多数人都不会遇到类似的场景，所以请大呼一口气让自己放松，你是有时间做准备的。

公开演讲需要克服的最大障碍是怯场或紧张。那让我们来谈谈你在上台之前该如何克服这些情绪。正如我之前提到的，要想确保做好发言或演讲，最关键的就是提前做准备。尽管你很紧张，但是你的意志也应该坚定，不应当让任何事情动摇你。我要告诉你的是，即使是最老练的演员，他在上台前的几分钟也会感到紧张。相信我，我经常在后台和一些世界上最著名的人在一起，我可以看出来在我们上台之前，他们和我一样肾上腺素水平激增。他们会像我一样坐立不安，踱来踱去，看着他们自己手上的提示卡，就像高中生为了突击测验而临时抱佛脚，会越来越频繁地按着自动笔一样。

通常在我上台前5分钟，我就开始觉得自己像是在一个时速60英里的区域以每小时90英里的速度飞速超过了一个警察。当我第一次参加拍卖会的时候，那种感觉让我想呕吐、昏倒或者逃离。但经过这么多年的舞台历练，我很了解这种感觉，并且明白我可以把这些紧张的神经和亢奋的能量用在舞台上。下次当你感觉到肾上腺素涌进你的血管时，我想让你做的是认清它的本质，它是一个帮助你振作起来的工具，让你准备好带动你面前的人群兴奋起来。所以，做几个深呼吸，活动一下膝关节，再活动活动你的手指和脚趾。真正令人害怕的并不是做演讲或主持拍卖，引发紧张的是对演讲或现场表现的较高期待。不管我在主持拍卖前有多紧张都不要紧，我清楚，当我将拍卖槌敲到台子上，然后开始说开场白的时候，我的紧张感就会立刻消失。无论什么时候，在你等着站起来做演讲的时候，你都要记住：开始之前的时刻是最糟糕的。一旦你开始说话，随着演讲的进行，一切都会越来越容易。

当我与紧张情绪做斗争时，对我最有帮助的一件事就是我的“敲击法”。既然你已经意识到在你进行任何演讲之前，你的神经都会处于极度紧张的状态，那么你就能够理解从你上台的第一分钟就准备好使用“敲击法”有多重要了。要克服这种恐惧，最好的办法就是把你的开场白背下来。我指的并不是那种死记硬背。我的意思是，要像刻在你的大脑里那样记住你的开场白，这样一来，不管你上台有多紧张，开场白都会像自动回复一样从你脑子里蹦出来。在开始的时候，你可以问观众一个问题："今天大家都好吗？"你还可以说一些其他的话，来展示你的个性或让观众了解你是一个什么样的演讲者。当你站起来讲话的时候，观众都会抬起头来充满期待地望着你——他们都会敞开心扉，全神贯注，准备好倾听你说的任何话。如果你立刻低下头盯着你的稿子看，那么你其实是在演讲还没开始时就切断了自己与观众的联系。如果你记住了第一行话，你就可以一直高昂着头，脸上带着合适的微笑，这可以让你从开始演讲的那一刻起，就与观众进行交流。这也有助于缓解你在演讲前感受到的紧张情绪。

对那些公开演讲能力更强一些的人，我还有另外一个专业建议：扔掉你的稿子。曾经我也习惯紧紧握着演讲稿念，直到几年前，我在一次妇女大会上做了以"销售的艺术"为题的演讲。在那次大会上，我认识了一位同样发表了演讲的伙伴。起初她称赞了我的演讲，但几杯酒下肚后，她给了我一个让我从那时起就一直记在心里的建议。

"你是一个很好的演讲者，但是你需要摆脱稿子。没有人知道你要说什么，所以你应该试着在脱稿的情况下去演说。这样一来，你会从观众那里得到更好的反馈。"那时候，我脱稿主持拍卖已有将近12年了，但是我从来没有想过我可以脱稿去做演讲。等到下一次演讲的时候，我便挑战自己不拿稿子，结果证明她说的是对的：这是完全的解放。我并没有说出我想说的每一件事，但我没有因读稿子而受到束缚，这让我能够把我多年来在慈善拍卖中学到的技能利用起来。当我注意到有人在发短信而没有听我说话时，我可以叫他们，或者我可以向观众问问题，然后花 15 秒与举手的人玩笑一番。起初我感到紧张，也有点儿不安，但是过了一段时间后我就感觉很自然、有趣了。

首先，在整个演讲或展示的过程中，你要有一个主题，这样你就可以一次又一次地回到主题上去。用这种方式，如果你没有思路了，你的大脑就随时都能回到这个主题上来。另一个能确保你的演讲不偏离中心的好方法，就是在演讲时在身后放上图片或幻灯片。我要再次强调，幻灯片上的文字不要太多。你应该通过列出一些重点内容来展示你在演讲中要讨论的观点，你肯定不希望在你想要吸引观众的注意力的时候，还让他们阅读你身后屏幕上像一本书那样多的内容。最后，要确保有一个很好的结尾。即便你演讲或展示的内容确实有些分散，但是精彩的结束语也会令人难忘。

在我写这本书的时候，作为哈德孙河公园之友慈善晚会的拍卖师，我为该晚会筹集了数十万美元的善款，为此我收获了荣誉。“游乐场委员会”给我授予了奖项，玛莎·斯图尔特（Martha Stewart）为我颁奖。该委员会由一群女性组成，她们致力于确保哈德孙河公园及其游乐场得到良好的维护以供所有人使用。在演讲的时候我主要想探讨以下几个主题：该公园是如何作为一个供人休息和获取灵感的地方服务于生活在高楼林立的纽约人民的，我是如何在纽约生活的 20 年里通过不同的方式利用公园这一资源的，以及委员会的那些女性是如何付出她们的时间和资源为一代又一代的人尽可能提供最好的公园环境的。当我仔细考虑怎样用最好的方式展现演讲主题的时候，我想到了我与公园最大的联系，于是我的思绪回到了公园跑道上来。

哈德孙河公园的跑道一直是我在纽约生活中的救星、安慰和快乐源泉。一旦我用这个主题为整个演讲定好了基调，演讲就可以水到渠成地进行了。我想到了那条跑道，还有我在跑道上经历的所有事情。我写了自己在二十多岁时是怎么发现这个公园的——那时我刚大学毕业，单身，没有朋友可以和我一起过周末。我还写了我有多期待每次跑步，因为跑步可以帮我打发时间，要不然我的一天就会非常孤独。我继续写道，公园在“9·11”恐怖袭击后被摧毁了，我是如何在公园里为“9·11”事件中的救援人员分发三明治的；当这个城市慢慢从那灾难性的一天中恢复过来的时候，这个公园又是如何获得重生和复兴的。我提到，这么多年过去了，我是如何和朋友们一起在跑道上跑步，并且看到很多家庭坐在野餐毯子上聚会的；我和我的丈夫是如何在公园里的一个水上平台进行的迷你高尔夫课程上第一次约会的；我和我的家人、朋友们是如何像几年前我看到的那些家庭那样，在这里进行野餐的。这里对我来说就像是我家的后院一样。这里成为我们在纽约这个熙熙攘攘的城市中得以休息和获得清净的地方。

在我发表演讲的那天早上，我做了一件我在需要集中精力并想出解决办法时经常会做的一件事：跑步。当我跑步的时候，我会大声把演讲内容说出来，心里想着跑道的每个标志物，以及它是如何与我的人生关联起来的。当玛莎·斯图尔特介绍完我之后（我保证这不是吓唬你的，确实是她介绍我的），我想象着自己又回到了跑道上，这样每当我觉得自己开始有点儿脱离主题的时候，我就会想到跑步的路线，并在大脑里勾画出自己在纽约随着这条路径展开的生活轨迹。在结束了关于公园这部分的演讲后，我继续谈论了一群团结一心的女性给我们邻里带来的影响，以及能把曼哈顿市中心称为我的家让我感觉多么自豪。我演讲的最后一句话是感谢我的丈夫，并提到如果没有他和我们的三个孩子，就不会有今天的我。但是，当我准备结束演讲中这部分感性的内容时，我忍不住打趣了一句："……当然，玛莎·斯图尔特也成就了今天的我。"我花了好几个月在脑海中演练这次演讲，完全不需要看稿子，此外，我也对着镜子练习，对着我 10 个月大的孩子练习，在我跑步的时候练习，在淋浴的时候练习，对着我最好的朋友玛丽练习。"熟能生巧"可靠吗？绝对可靠。

自信表达之路

我之所以跟你说这些，是希望你能思考一下在下次公开演讲的时候，你如何利用这些方法摆脱恐慌的状态。你至少可以开始想一个不让你的演讲偏离主题的方法。既然我们说到了假设你正在做演讲的场景，那就让我们来谈谈你的实际表现。如果是我在主持选拔赛，我就会找出候选人在演讲的时候会有哪些紧张表现。在大多数情况下，演讲者在紧张的时候所做的动作都很明显，每个观众几乎都立刻就能看出来。然而，除非你指出来，否则台上的人通常意识不到他们在做这些动作。

你讲话的时候，紧张的表现可能是每隔几秒钟就说“呃……呃……呃……”；或者是像麦克白夫人想把那该死的斑点弄掉一样，你会捏自己的手指头；或者是你的声音轻得像在窃窃私语；或者你在每句话结尾的时候音调高得能把附近房间的窗户震碎。我在参加选拔赛的第一天的紧张表现就是，我一拍卖掉某件拍品，就会前后拨弄我的长头发。每次我在台上开始做这个动作的时候，我的拍卖教练就会打断我说“放下你的手”，以此来帮我改掉这个习惯。在接下来三天的选拔赛上，我都会把头发盘起来，这样我就不会总想着抓头发了。当你指出别人某个紧张的表现后，他们在想改掉这个动作的时候往往会有点儿分心，但是他们通常可以在一两天内就能改掉这些习惯。改变他们的音高和音量也是同样的道理。几年前，我看到一个参加选拔赛的候选人，每当她开始销售东西时，她的声音就会从完全正常变得非常大，而且很尖。我试着跟她解释其中的区别，但是她自己听不出来，直到我们把她的表演录下来，她才听出来。录像带放了一半，她大笑着说：“亲爱的上帝啊，把它关掉，我一秒也不想再听我这个声音了。”说实话，我们都有同感。想找出你自己的紧张表现，一个简单的方法就是在一两个朋友面前做演讲，然后用手机录下来。你会惊讶于你在紧张的时候做的动作，除非你从录像里看到，不然你可能完全不会注意到这些动作。此外，一旦你意识到如何纠正这些问题，你的观众在观看你演讲时就会更舒服，因为他们不用被你拨弄头发、抖腿或者你的声音大得他们得用手指头堵住耳朵这些问题弄得心烦意乱。

候选人做演讲的时候，我密切关注的最后一点是他们选择讲什么样的故事。这通常是选拔赛中最重要的部分，因为他们的演讲能否成功的关键，通过这一点就能迅速显示。当我参加选拔赛的时候，我讲了一个我童年的故事。在我的生活中，每当我发现一些特别有挑战性或困难的事情时，我都会反复说起这个故事。我的父母在我 5 岁的时候把我们几个孩子一起送到滑雪学校，然后他们便坐上缆车进行游览。他们游览了几圈之后，突然看到山顶的写字板上写着让他们回滑雪学校去接我。他们担心发生了什么事，赶紧跑回学校，却发现我坐在一个角落里，拒绝滑雪，并在那儿大把大把地吃雪。我母亲问我怎么了，我可怜巴巴地看着她，告诉她，滑雪学校的人就想着让我一直“练习，练习，练习”。顺便说一句，每当我抱怨的时候，我丈夫就会开玩笑地说：“练习，练习，练习。”每次我听到这句话，我仍然会大声笑出来。

分享那个故事就能反映出本真的我是什么样的，我的生活就像一本打开着的书，我把我的故事像分享给我亲密的朋友一样频繁地分享给陌生人。我的故事表明了我是一个什么样的演讲者和什么样的拍卖师，我不管在台上做什么，总会讲一个自己的逸闻趣事。我认为，一个好的故事应该是这样的：故事可以自然而然地切入一个好笑的部分，能让听故事的人笑上好几天。在大多数情况下，候选人选择讲述的故事能帮我了解他们在舞台上使用哪种个性化的表现手段最有效果。如果他们的故事是幽默的，那么我就很有可能会帮他们开发幽默方面的天赋，让他们在舞台上使用幽默这一优势。如果他们选择了一个特别感人或真实的故事，那人性化和真诚就可能会帮他们赢得观众的共鸣。任何特质对拍卖结果来说都是有效的，最优秀的演讲者每次都能将这些特质结合在一起，呈现一场精彩绝伦的演讲。

他们结束演讲的方式也很重要。演讲是以一个机智诙谐的笑话概括结束的，还是以轻柔的话语结束的？我在接下来的日子里缩小最终候选人范围的时候，会把这个因素考虑进去。当你在评估自己演讲的强项是什么时，想一想，如果你有 5 分钟的准备时间，你会讲一个什么样的故事。幽默的故事？感动人的故事？还是你观察到的其他人的生活经历？

在选拔赛开始的时候，每个候选人都会拿到一本书，里面是我们的一位拍卖师这些年来卖出的竞拍品。我会要求每个候选人花一定时间为推销这些拍品做准备，并把它们卖出去。一旦我弄清楚哪个候选人适合哪种演讲风格之后，我就会要求他们每次上台都要发挥这个特质。既然我们是在为非营利组织筹集资金，那么那些演讲风格比较真诚的、感人的候选人就可以利用这一点与观众产生共情。如果他们的特长是幽默，我就要求他们选择最有效的时机来使用这一特长。即使是最能吸引人的演讲者，他的听众也会有疲倦的时候。当你在设计演讲时，用一个恰到好处的笑话贯穿演讲过程，可以吸引或者重新吸引观众的兴趣。如果你不擅长幽默的方式，那么在演讲或展示的过程中，有策略地安排一个感性的过渡，也能产生同样的效果。

如何给他人留下深刻印象

如果你有机会实践了到目前为止我们讨论的所有内容，那就是时候了解一下销售中最重要的部分了：如何向你的受众进行推销。不管你是在长辈家里对着十个人的群体演讲，还是在舞台上和托尼·罗宾斯（Tony Robbins）一起演讲，都无所谓。如果你想让人记住你的表现，你就必须做到以下几点。

1. 让观众给你能量。

热情是会感染人的。在公开演讲中，热情至关重要。

在很多个我主持拍卖会的夜晚，等我上台时每个人在晚宴上都已经坐了两个多小时了，所以我有点儿不招人待见。当人们开始看表的时候，你可以从他们的眼睛里看出这种心思——要知道，这是工作日的晚上。他们胃里重口味的开胃菜让他们感到疲倦，而那些似乎很有趣的没完没了的演讲，现在听起来也有点儿乏味了。当我上台的时候，屋子里三分之二的人都表情凝重地盯着我看。如果我在出场的时候脸上没有一个大大的微笑，表现得不够威风凛凛，没有用拍卖槌送上有力的一击，那观众脸上立刻就会有反应。

我会从观众当中获取我想要的能量。另外，我要告诉你，他们从我一上台就能感受到我对他们的期待。即使是在拍卖过程中，几件拍品过后，在观众注意力开始减弱的时候，我也会保持高昂的精神状态和到位的表现，通过这种方式来不断刺激观众跟着我的节奏进行下去。幽默是我的工具，每当我感到房间里的能量开始减弱的时候，我就会抛出一个笑话。下次你在做演讲的时候，也可以很容易地做到这一点。如果你看到观众中有人在打哈欠，你就可以大笑着快速地说，"先生，我看到你打哈欠了，我会试着讲得更有趣一点儿，让您保持专注"，这样的方法每次都有用。作为一个演讲者，可爱是一个制胜法宝。

从舞台上下来后，我经常被问到的另一个问题是："你早上让孩子起床、上学，然后在办公室工作一整天，晚上打发孩子睡觉后，又去做晚间拍卖，你是如何从容应对这样忙碌的一天的？"我从 24 岁起就开始主持拍卖会，所以你可以想象，在我 15 年的拍卖师职业生涯中，在很多夜晚我也会感觉到疲倦、身体不舒服，甚至心里难受。30 岁以后，我在四年半之内生了 3 个孩子，我已经到了一种我甚至都没感觉到的筋疲力尽、身体虚弱的状态。我有没有提到过我 3 次怀孕都是在怀胎 9 个月的时候还在主持拍卖会？有几次，我坐出租车去拍卖会，不夸张地讲，在出租车离开我公寓后到达会场前的这段路上，我都能睡着。通常我会使用各种方法让自己保持清醒，并专注于接下来的晚间拍卖。有拍卖活动的日子里，我会努力挤时间进行体育锻炼，不管是跑步（每次出差我都会带着我的跑鞋，在拍卖前跑一次步，能消除飞行带来的疲惫），还是用共享单车 Citi Bike 骑上一段路，甚至是在乘地铁回家的路上提前两站下车，这样我就可以呼吸一些新鲜空气，让大脑清醒一下。在我去会场的路上，如果我不做这些，我就会戴上耳机，大音量播放一首悦耳的曲子，这样能立刻让我情绪高涨，肾上腺素水平上升（我最喜欢的曲子包括音乐排行榜上排名前 40 的所有歌曲，以及所有让我想跳舞的歌曲）。状况最糟的时候，我还会喝杯咖啡，喝咖啡对主持拍卖活动有好处，但是对活动过后的睡眠不利。

但是，有时候我不用靠音乐或锻炼，只要心里记住我为什么在这里，就能给我带来我所需要的动力。在我二十出头的时候，我有次抵达一场活动的现场，却发现他们重新安排了当晚的活动，拍卖会比原定时间晚了近一个小时。随着当晚时间的流逝，很明显，一切都未能按计划进行，拍卖会比我们最初讨论的时间晚了将近两个小时才举行。晚餐时我坐在开发部总监的旁边，终于快到拍卖时间的时候，他提到了一些关于该组织运营预算的事情。说实话，我只有一半心思听他说这件事，因为我的神经已经开始紧张了，我问道："你们的运营预算是多少？"他牵强地笑了笑，说："那得等你告诉我了。"这是一件考验勇气的事——这个非营利组织的整个运营预算都取决于我当晚能从观众当中筹到多少钱。我永远都不会忘记那次谈话，一有机会，我就会把这件事讲给那些参加拍卖选拔课程的人听。每个夜晚我在舞台上的工作就是从有能力出钱的人手里拿到尽可能多的钱，然后把这些钱给那些有需要的人。这就是主持拍卖和孩子们在放学后在社区里有危险的地方做游戏的不同之处，但是这能激励我，让我在舞台上不管多累都要尽可能多地筹钱。在公开演讲的时候，我永远都在想着使出我全部的力量去吸引观众。无论是在慈善拍卖中，还是在生活中，有所保留是不会让你得到什么好处的。所以，那就全力以赴吧，不管什么时候都要这样。

下次当你听一个你认为很有才华的人演讲时，不管他是老师、专业演讲者，还是你的同事，注意一下他的表现风格中你喜欢的地方。看看他们对自己的主题是否能敞开心扉、保持专注和热情？如果你发现自己在这个过程中很投入、很感兴趣、很享受，我敢拿毕加索的作品打赌，他们把他们的能量带到了房间里，你也从他们的热情中受益了。

2. 观众想让你成功。

在我的拍卖生涯中，我在纽约市参加了一千多场慈善活动。每一次在这样的活动中，在我上台之前，我很乐意观看许多其他的演讲者发表演讲。当某个人的演讲中出现问题时，你总能从他的反应中判断出他是否是一个老练的演讲者。如果某个人在第一次登台时感到不自在，那么在他演讲中发生意料之外的事情时，他就会变得非常痛苦。举个例子，当提词器上显示的演讲稿出了问题时，第一次上台的获奖者会在那里一遍又一遍地重复说，“提词器出问题了”，直到有个音像师过来帮他处理。再比如，当获奖者上台去领奖时，某个不知名的颁奖嘉宾因喝了太多酒而花了 15 分钟闲聊他个人和慈善机构之间的事，而没有把话筒交给获奖者。现在，换成是你，因为你正在将自己训练成最强大的女人，所以你可能会只提一次提词器的问题，然后露出灿烂的笑容，即兴说几句感谢该组织的话，最后走下舞台。那闲聊的那个颁奖嘉宾呢？你应该抓住机会搂住他的肩膀，轻轻地拿过麦克风，然后对他做几句温和的评价，再把他引下舞台。但是，大多数人除了躲在侧台上，什么也不考虑，因为他们满脑子想的都是公开演讲是他们遇到的最坏的事了。

当人们站起来做展示或者演讲时，似乎每个人都会忘记观众也是普通人。观众会全力支持你完成你的演讲，因为当你结结巴巴、错误百出地进行演讲时，他们会和你一样感到不舒服。不要用恐惧的眼光去看待观众，而是把他们看成一群支持你的人，就像是你自己的啦啦队一样。

我在旧金山参加一场为“同性恋者反诋毁联盟”（Gay & Lesbian Alliance Against Defamation，简称 GLAAD）举行的拍卖会时，一位著名的创作歌手要上台唱一首连续数月一直排在音乐排行榜榜单前 40 名的歌曲。当她唱这首歌的第一节时，我真的以为麦克风坏了——她的声音都变了，歌词也漏了很多，听起来真的很糟糕。在第一节和第二节之间的副歌中，她很可怜地对观众说：“对不起，朋友们，我因为怯场搞砸了演出。”观众是站起来为她喝倒彩，还是朝她扔东西让她下台呢？当然都不是。一位同行的创作歌手跳上了舞台，搂着她的肩膀，帮她继续唱这首歌。

她缓缓地继续唱着，不久，全场观众都站了起来，跟着一起唱，对她表示支持。他们唱得好听吗？不，难听得让人觉得很可怕。但她最后还是在观众的支持中完成了演唱，观众们都疯狂地欢呼起来——她克服了恐惧，坚持到了最后。观众都明白公开演讲是很难的，当演讲进行得不好时，他们会表示同情。如果你是一个容易紧张的演讲者，不要犹豫，要把这个信号传递给观众，这样他们才会理解你的痛苦和挣扎。人们喜欢同情弱者，尤其是主动寻求帮助的弱者。

今年早些时候，我参加了一场拍卖。当我走上台时，我用力敲下我的拍卖槌，直接对着麦克风介绍自己，结果发现麦克风坏了——不是那种声音断断续续的，而是根本就发不出声音。我在台上面对着 350 个人，对着一个没声音的麦克风，这个情况可不妙。

我没有从舞台上按“退出”按钮（主要是因为那个舞台没有这个功能，要是有的话我肯定会用的），而是走到了主持台前面——这样我能离观众更近一些——并宣布我很高兴麦克风坏了，因为现在他们就不好意思在背地里说我的坏话了。我笑着解释说，我们没有其他选择，在音像组换一个好的麦克风之前，他们必须保持完全安静。观众们照办了，拍卖进行到一半时，音像组的一名成员跑过来递给我一个能用的麦克风。当我大声喊话的声音变成麦克风里转换出来的声音时，观众们欢呼起来。我不想在舞台上遭遇没有麦克风的情况，和我比起来，观众们更不想见到这种情况。通过把他们变成盟友，他们会很投入地参与拍卖活动。当我有了能确保我成功所需的工具时，他们就会支持我。

3. 让观众成为你表演的一部分。

我十岁的时候，我父母带我们去看杰·雷诺（Jay Leno）的演出，他主持过脱口秀节目《今夜秀》。你们大多数人可能知道的是吉米·法隆（Jimmy Fallon）主持的《吉米今夜秀》，但是在我小的时候，杰·雷诺就像吉米·法隆一样在深夜主持脱口秀。当我听说他要来路易斯安那州的一个小镇做节目时，我感觉那真是一件了不起的大事。演出是在市民中心举行的，那是一个很大的露天体育场，镇上任何大型的音乐表演或会议都会在那里举行。我坐在父亲旁边，在他被诊断为睡眠呼吸暂停综合征[1]之前，在我童年的大部分时间里，他只要坐在光线暗的地方就会睡觉：电影院、教堂、音乐厅、我的大学面试现场。但在那场喜剧演出中，发生了一件多年来我一直久久不能忘怀的事情。表演进行到一半时，杰·雷诺开始让观众参与他的表演，他提出了这样的问题："你是做什么的，先生？"然后边走边编了一个轻松的笑话。观众哄堂大笑，而我父亲

① 睡眠呼吸暂停综合征是一种睡眠时呼吸停止的睡眠障碍。——编者注

在演出的大部分时间里都在睡觉，这时他突然也笑了起来。我注意到他在椅子里直起身子，坐得又高又直，似乎是想让杰·雷诺点到他，问他一个问题，让他成为那天晚上全场的明星。他当时的表现和整场演出前半部分的表现是如此不同，以至于在我那么小的年纪，我都能清楚地看出，他潜意识里的愿望是想要从和自己一样的一群人中被选中，这让他像企鹅一样挺直了身体。

正如我之前提到的，无论是在佳士得给15位大师级的人物上课，还是在麦迪逊广场花园面对5 000名观众演讲，我都会使用这个技巧。无论何时，你在演讲或进行课程展示的过程中感觉观众快要没兴趣了，你都可以提一下观众中某个人的一些事，你会发现这一招会迅速地让所有人重新集中注意力。一些人会在座位上坐直以试图吸引你的注意，而另一些人则会在座位上偷偷低下头来想要避免和你进行眼神接触。不管怎样，他们在接下来的几分钟里都会集中注意力。另外，不要让活动中发生的意外事件使你乱了方寸。相反，你要努力把一些平凡的细节融入你的演讲，然后你就能看到观众的注意力被重新激起。如果在你演讲时有手机响了，不要为这件事感到烦扰，而是要对冒犯你的人微笑，并说："一定要告诉电话那头的人，我向他问好。"和你的观众说话能让你成为一个有人情味的演讲者，让每个人都觉得自己是表演的一部分。这会让观众觉得你是在和他们说话（而不是在对他们讲话），并使你从一个好的演讲者变成一个伟大的演讲者。

不管是做哪种类型的展示，你都要试着像和一群朋友说话那样和观众说话。不要表现得好像你和你的观众之间隔着一面墙，而是要让他们参与到你的演讲中来，让他们感到置身其中。

4. 永远不要低估说恭维话的力量。

在一次拍卖会上，我的一位朋友，也是经常参加拍卖会的竞拍者，在喝了几杯酒后跟我吐露，她过去常常参加拍卖会，其他的拍卖师会用当晚的“叫牌出价”环节作为自己与房间里最有钱的人对抗的筹码。当他开始喊出最高额度的叫价金额时，他的话里就会夹带着这样的言辞：“史蒂夫，《纽约时报》告诉我们你去年赚了多少钱。你就打算出这么点儿钱吗？”想想史蒂夫在那一刻的感受吧，当他举起手的时候，他瞬间就感觉到了尴尬，还有些恼火，他唯一想做的可能就是举起中指对拍卖师表示鄙视。我的朋友告诉我，看到这些插曲后，因为害怕被拍卖师叫到，然后在这群人面前遭遇尴尬，所以只要有这个拍卖师在，她从来都不会举牌出价。

她第一次在拍卖场上见到我的时候，我提到了她前面那位举牌的女士当晚穿的裙子非常漂亮。不同之处在哪里呢？我在舞台上的有利位置可以让我发现人们穿的漂亮衣服，所以我在每次主持拍卖的时候总是会提到这个：“最后一次出价是来自那位穿着令人惊艳的红裙子的女士，她不仅慷慨大方，在养育 4 个小孩方面也做得很出色。”我相信你都不用猜就知道她每次举手出价背后的动力来源于谁。销售中使用打击人的消极手段是不可取的。这样做最终会使你疏远观众，让观众感到尴尬，并让观众对你失去兴趣。当你是掌控全场的那个人的时候，你要让整个过程保持积极而轻松的状态，尽你所能让观众心情愉悦。

最强大的女人知道向身边的人推销自己的愿景的重要性。为了确保你准备好让别人听到自己的声音，公开演讲是一个决定性的工具。毫无疑问，这需要大量的“练习，练习，练习”。你练习得越多，下次有人让你在小组会上做最后发言的时候，你就会越有准备。拿起你的手机，站在镜子前面，开始练习吧！

她们的现在就是你的将来

——如何对待公开发言

朱莉娅·泰勒·奇克

EverlyWell 医疗科技公司创始人兼 CEO，
曾完成投资类电视节目《鲨鱼坦克》史上最大额度的交易

在准备做演讲的时候，请你考虑一下观众想要从你的演讲中学到什么。在很大程度上，一场好的演讲能让观众认为他们从中学到了东西，或者让他们觉得很愉快。

在 TechCrunch[①] 主办的初创公司比赛中，我在台上有 6 分钟的时间推销 EverlyWell，并为数千名现场观众和 30 000 名网络在线观众进行产品演示。这不是靠临场发挥做的展示。为了确保我能完成演讲，我在比赛之前两天飞到旧金山，一遍又一遍地练习演讲，同时用我的苹果手机将我的表现录下来。你必须排练足够多的次数，才能让你的演讲变得自然，就像职业运动员那样练习、看录像并做出调整。我是第一个上台的，尽管现场安装设备的施工队及和我竞争的其他 20 位企业家发出了很大的噪声，但我还是很自信地发表了演讲。

在那次 TechCrunch 比赛之后，直到《鲨鱼坦克》节目出现之前，我都确信我可以驾驭任何公开演讲。关于问答部分在展示中有多么重要，《鲨鱼坦克》就是一个很好的例子。有准备的推销环节只

① TechCrunch 是美国科技类博客媒体，主要报道新兴互联网公司，评论互联网新产品，发布重大突发新闻，是美国互联网产业的风向标。——编者注

有 90 秒，之后你必须做好准备，以便迅速反应，并克服紧张情绪，而且要知道，你说的任何话都可能被播放在全国电视上。通常情况下，当你看到有问答环节的展示时，你会注意到演讲者在演讲之后，可以很随意地应对问答环节。问答环节其实是一个展示个人风采及重申你的重点的机会。

演讲其实就是讲故事，通过不断练习和抓住上台的机会，你就能比较自然地应对它了。你逐渐就可以用你自己的讲话风格来表达你的观点，并学会自然地讲话。有些提示和技巧，比如“摆一些充满力量的姿势”，可能对你并不适用，这就是为什么掌握自己风格的最好方法就是尽量去尝试。最后，你可以做真实的自己，感觉就像在和一群朋友聊天，和他们讲一个关于你的周末的故事一样。

亚历山德拉·威尔克斯·威尔逊

Gilt 集团和 Glamsquad[①] 集团的联合创始人，艾尔建公司[②]消费者战略和创新部高级副总裁

在公开演讲时，我喜欢抛出一两个问题来活跃一下气氛，同时通过提问题了解一下观众的情况："你们当中有多少人现在是企业家，或者认为未来有一天会创办自己的公司？"

在奢侈品折扣秒杀网站 Gilt 工作的那些日子里，我总是说："如果你是 Gilt 的会员，请举手。"

我真的想从情感上和我的观众建立联系，而且我总是面带微笑。如果是一个小型会议或推销活动，我就会提前对这些人进行调查，并努力找出一些我们之间的共同点，这样我就可以提到这些共同点，以此来打破僵局。

如果我通过领英看到我要见的人和我有一个共同的朋友，我首先会和我的那个朋友确认他们的关系是否良好，然后我可能会提到这一点来展开我和那个人的谈话。我通常也会快速地查看这个人在社交媒体上是否活跃，这样我就可以熟悉他的情况，并可能会参考他在社交媒体上发布的内容。我不是主张要为了打破僵局而表现得像个跟踪者一样，而是要像做功课那样去做准备！如果我要会见某个品牌的代表，我会在网上和/或在零售方面提前研究该公司，以便了解他们最新的产品线和公司新闻。

---

① Glamsquad 成立于 2014 年，是一家专注于提供美发、美妆和美甲上门服务的创业公司，根据客户需求，服务场所可以是住宅、办公室、酒店等。——编者注

② 艾尔建公司（Allergan）成立于 1950 年，是一家跨国健康医疗公司。——编者注

最强大的女人

会 ●●●●●●

8

贪心地计划，彻底地执行

《纽约时报》在2017年10月发表了一篇文章，记录了我一天的生活状态，题目是《跟上莉迪娅·威克利夫·芬内特的步伐》。这篇描写我的特写报道如此招摇，我料到我的朋友和兄弟姐妹们会对此评论一番，还会开一些友善的玩笑。我没有料到的是，大多数读这篇文章的人评论的大意是："哇！你真的是太忙了。"

你可能听过这样一句谚语："你如果想完成某件事，就把它交给一个忙碌的人去做吧。"我就是那个忙碌的人。我每周至少会听到一次的话是："你是怎么做到这一切的？"他们说的"这一切"指的是，在家里有3个不满5岁的孩子的情况下，白天在佳士得拍卖行工作，晚上做另一份慈善拍卖的工作，然后利用业余时间写这本书。当然，还不能忘记生活中最重要的部分——高质量的陪伴家人的时间，同时要维护好与朋友的关系。此外，我会将我的生活片段分享在照片墙上，加上引人注目的标题来吸引粉丝，让一切看起来都那么的轻松——毕竟，如果不是为了能在照片墙上晒一下我过得有多好，那我做这些还有什么意义呢？虽然我很想说不用这样，但事实上，我想让自己看起来很轻松。我做到这些，有时候确实很轻松，有时候并不轻松，大部分情况介于两者之间。

没有方向感的人常说：你真正需要的就是一张路线图。当然，社区地图 Waze[①] 很棒，但是在生活中，你需要坐下来，构想出一张你自己人生的路线图——一张没有任何算法可以帮你算出来的路线图。这张路线图详细列出了通向你的目标的每一步，它会帮助你出色地达成你的目标。为了更好地阐明这个道理，让我来告诉你一个秘密吧：多年前我就把“卖书”写到了我的人生路线图中。最近，我又在“卖书”的正下方添加了“至少卖出 100 万册书”——顺便说一句，谢谢你为我达成这一目标所提供的帮助——因为我不想只专注于卖出几本书。我希望我的书卖得比西蒙 & 舒斯特公司印刷的速度还快。出售这本书是我人生更大的计划的第一步。为了设定并执行这些目标，我需要最大限度地利用我的时间，同时还要期待着下一次机会。但这本书是关于你的，所以我们需要弄清楚该如何规划你的路线图，这样你就可以不再犹豫不决，开始向前看。

① Waze 是一个免费交通导航类应用，可在苹果的设备及基于谷歌 Android（安卓）移动操作系统和微软 WindowsPhone 手机操作系统的设备上运行，目前其用户已遍及全球约 190 个国家。——编者注

时间浪费在哪儿了

最重要的是要记住，规划路线图并不是要给你繁忙的生活增加额外的压力，而是为了帮你找到更多的时间来专注于你想做的事情。坐下来，花一点儿时间制订一个帮助你规划你的每一天、每一周、每个月、每一年的计划，这样你就不会浪费本可以用来实现自己目标的时间了。

时间是宝贵的，为了确保我不浪费每一分钟，在每周的开始，我都会花时间制订一张路线图。简而言之，从早上醒来一睁眼到晚上躺到床上，我都在思考如何安排自己一天的时间，这样我才能完成所有的事情。这听起来可能有些死板，但事实上，一旦我在脑海中规划好一天的事（或者将其写在手边的一张纸上），当有事情发生时我就会有很大的灵活性。计划虽然已经制订好了，但也是可以改变的，不过在一天结束的时候，我还是想把这一天着手做的所有事都完成。我看到很多人——像我的朋友和同事们——经常抱怨他们从来没有时间做自己想做的事。如果他们能坐下来并花时间为每一天制订一个计划，他们就会发现很多空闲时间（乘公交车上下班的路上的时间；开车从 A 点到 B 点的时间；别人午睡的时间；完成工作后的时间；如果你是一个家长，那么可以利用的还有孩子们睡觉的时间）都可以被利用起来，这样他们就会比之前多出很多分钟甚至很多个小时，这些时间最终能帮助他们实现他们的目标。

在读这一章时，你可能不敢相信有人会花这么多心思来为他的生活制订这样的计划，那我告诉你其实一开始我也并没有这么做，我希望你会感觉好一些。虽然我在高中和大学时就一直知道，设定目标并坚持到底去实现这些目标是很重要的，但是那时候我并没有真正想过为这些目标制订一张路线图。在我大学毕业，确定了在佳士得实习的机会并搬到纽约市之后，我也仅仅是每天穿梭在忙碌的生活中。即使是从职业上来讲，我早年的成功在很大程度上也要归功于我的努力工作，以及随着我的上级的晋升，我也就自然而然地升职了，在合适的时间到了合适的位置。我和同龄的男性朋友交谈时，他们中的很多人跟我讲过在他们小时候的性格养成时期，他们的父亲或者母亲会让他们坐下来，跟他们讲，他们需要努力学习，取得好成绩，这样他们在长大后就可以谋个生计，养家糊口。然而，很少有人跟我的女性朋友们说过这种话。别人一般会给她们“你可以做任何你想做的事”这种建议，但是并没有对她们寄予什么期望或施加什么压力，没有让她们坐下来思考如何实现这些目标。但是随着我在事业上向上发展，我越来越明白，为了在事业和生活中不断进步，制订一个计划是多么重要，否则我就很容易陷入每天烦琐的生活之中。查阅，做记录，然后为你未来想要成为什么样的人做计划。不管你正朝着哪件事在努力，那都会激励你为生活中其他事保持这种努力的势头。我还发现，在我为自己想要实现的目标制订了路线图之后，我把我的目标告诉了我最亲密的朋友们，这有助于帮我坚守自己的目标。我把我所有的目标分享给了我的朋友玛丽·朱利亚尼，她也会把她的目标分享给我。如果我是奥普拉，她就是我的盖尔；如果我是盖尔，她就是我的奥普拉。[①]我们友谊的美妙之处在于，我们都认为自己是奥普拉，并为我们的朋友盖尔感到骄傲。每当我需要有人提醒我关于我设定的某个目标，或给我鼓励时，我就会打电话给她。同时，她知道我会为她做同样的事情。

我相信你一定想知道这和销售有什么关系。这只是时间管理，对吧？对我来说，在生活中做好准备——花时间找出并安排好你认为优先要办的事，提前几天或几周看看你的日历计划，然后制订一张长期的路线图——对于让你充满自信并且专注于你想要达到的目标是至关重要的。

那么，就让我们从开启你的一周开始说起。要做到这一点，你需要在一周开始之前就做好计划。我曾经听我的朋友们把星期天晚上称为“星期天晚上恐怖综合征”，每到星期天晚上，你就要准备迎接下一个星期的工作、学习、找工作等。如果你也有这样的感觉，那就让我帮你换个角度看一看这个问题。星期天的晚上是我为接下来的一周做准备并为迎接新的一周调整好兴奋状态的时候。为了做到这些，我拿出了一直与我“同甘共苦”的结构性工具。我知道你想知道我找到了什么样的应用程序，或者是什么技术帮助我安排了我的生活，但是事实上我用的就是一本纸质日历，它是我从可打印日历的网站上打印出来的，打印的日期是我能想到的尽可能长的时间。（我敢肯定，提到纸质日历，每个在科技领域工作的人在

① 奥普拉和盖尔是无话不说的好朋友。——译者注

内心深处都会觉得有点儿崩溃。）一个单页就能显示一个完整的月份，日期在右上角，下面的方框里除了蓝天，还有等待你的各种可能性。别误会我的意思，虽然我的手机里也有这些信息，但是当我看到所有事情都在我面前的纸上被计划好时，我就会感觉我能预先看到接下来的一周和未来的几周会发生什么。在每一个空白的方框里，我列出了工作活动、课外活动、孩子们的活动、家庭活动和旅行。这有助于帮我为即将发生的事情做准备，也能帮我彻底想清楚为了让一切进展顺利，我需要做哪些安排。

如果这周我有拍卖会，我会在周日抽出时间和我丈夫讨论他的日程安排。我们会解决日程安排上可能会出现的一些问题：周二他能否在下班后及时赶回家，好让我出去主持拍卖？如果他不能准时到家，我们是否需要找个临时看孩子的人来填补空缺？花 10 分钟为这一周其余的时间做准备，也能帮我解决一个重要的问题——我的衣服。我是否需要在送孩子上学的路上把衣服送到干洗店？是否需要打电话给我朋友，把我借给她的裙子拿回来，好让我在主持拍卖时能穿上？我是否需要从服装租赁网站 Rent the Runway 或 Armarium 上租些衣服？我是否需要从服装零售网站颇特女士（Net-a-Porter）或高端时尚和奢侈品网站 Moda Operandi 上赶紧买一些东西？

当我知道我不必仓促地决定穿什么衣服，或者突然意识到参加会议、演讲或拍卖的时候没有合适的衣服可以穿时，我就会感觉如释重负，而且这只需要提前做一下计划就可以解决。尽管我很清楚，很少有人需要担心把拍卖会穿的衣服拿去干洗这件事，但是我猜你们当中不止一个人有过这样的经历：你站在衣橱面前挑选当天要穿的衣服，而随着时间一分一秒地过去，你却怎么也挑不出来。你还没选好衣服，就已经迟到了。如果你有孩子，他们也会迟到。而这样一来，从你走出家门开始，你就已经很被动了。所以，你要通过有前瞻性地为你的生活和计划做好准备，来消除你周日晚上的焦虑情绪。

如果你对自己的周计划感到畏惧，那就试着在这一周中加入一些你向往做的事情，比如和朋友一起散步或跑步，在下班或放学后约上朋友们一起去野餐。不要陷入这样的生活中：在下班回家或终于把孩子们哄上床睡觉后，在电视机前漫无目的地坐上4个小时。人们经常喜欢说，每天的时间不够用，但我总想知道他们是如何利用他们拥有的这些时间的。设定一个目标，即使是一个很小的目标，然后把晚上的时间有效地利用起来，而不是浪费掉。如果你喜欢某部特定的电视剧，而且喜欢疯狂地追剧，那你就努力做到只看一两集，而不是连续看五六集。这本书的大部分内容是我在晚上哄孩子睡觉后写的。我写完一章之后，对自己的奖励就是和丈夫一起看一集《王冠》。这让我有动力去完成写作，也让我不会浪费时间一直盯着手机看。

我说的“路线图”到底是什么意思呢？对我自己来说，就是包括从繁忙的日子里每天的路线图，到未来十年人生的路线图。但是未来十年的生活听起来似乎让人感觉压力太大，所以就从我照顾3

个孩子（每天都这样！），在公司里用工作填满完整的一个工作日，紧接着当晚主持拍卖会这样的一天开始吧。

如果是非常忙碌的一天，我会把整个日程都写下来；如果是不那么紧凑的一天，我就会在脑子里勾勒出时间安排，这样做可以帮助我安排好这一天。从我早上醒来的那一刻起，我的一天的路线图就已经做好了，通过这样做，我从来不会觉得自己需要花费额外的时间去思考或担心我需要去哪里或者我什么时候需要去某个地方等问题。

但是，生活从来都不像我说的那么容易。不管是你在通勤途中遭遇装备损坏，交通延误，还是一个朋友打来紧急电话需要向你咨询，都能轻易地就把你的整个上午搞砸。如果再加上 3 个年幼的孩子，那么即使是最完美的计划也总是会被意外情况打乱。每周至少有一次，当我送完女儿去上学，并走到 4 个街区以外的地铁站时，我才发现我还带着她的午餐盒。虽然我可以全力解决我女儿比阿特丽斯印有字母的午餐盒这个问题，但是这是个浪费时间的问题。你首先要做的事就是为成功做好准备，关键是给自己留出足够的时间来处理这些突发情况，而最好的方法就是为你的每一天、每一周、每个月制订路线图。

我的一天从 6:30 开始

下面的内容就是我的一个普通的星期一的生活。如果你看一下我的苹果手机，你会在左边看到每个活动的大概时间，以及关于我在这段时间需要做什么的简短描述。在下面列出的路线图中，还包括了一些我确保自己在时间上不会出错的小技巧，它们可以帮助我利用好一天中的每一分钟。

上午 6:30。我一般会在这个时候自然醒来，在孩子们起床之前享受几分钟属于自己的时光。我会查看一下昨晚从亚洲发来的电子邮件，确保没有什么需要立刻回复的紧急情况。我早上通常会做一些轻运动，即使我起得不够早，没法儿出去长跑或者去健身房，我也会做一些运动，像俯卧撑、仰卧起坐和一些基础的但是算不上厉害的瑜伽伸展动作（但是，至少我尝试了）。我真的相信，要想拥有一个强大的头脑，你得有一个强壮的体魄。我从高中开始就严格遵守的一条个人准则就是，身体锻炼间隔的时间不能超过两天，因为你休息的时间越长，你就会越懈怠。即使你感觉没有动力，你也必须这样去做。清晨，傍晚，正午，深夜。是的，会有些日子让你觉得比较累；是的，会有些日子让你什么都不想做。你只需要努力记住：间隔不能超过两天。即使我不能出门做我最喜欢的运动——跑步，我也会在繁忙的工作日里骑着共享单车 Citi Bike 去上班。当然，我会经历风吹日晒才能到达办公室，我在到办公室的时候总是庆幸自己还活着（纽约的 Citi Bike 可不是开玩笑的），但是我这也是在用本可以坐在地铁里的时间进行锻炼呀。如果你有孩子，就把他们的娱乐时间也变成你的娱乐时间吧。他们在到处跑着踢足球？那你就做裁判，在他们旁边做短跑。或者打发完孩子睡觉后，用一个 App（手机应用软件）在家做点儿运动。不管你的一天有多忙，你总会拥有一些可以用来锻炼的时间。重新审视一下你一天的路线图，这能帮你找出做运动的时间，这样你就可以拥有强健的体魄了。

上午 7:00。孩子们通常会在这个时间醒来。此时，我就进入作为父母的日常生活状态了——叫醒、喂食、拥抱、刷牙、打包午餐、给孩子穿衣服，与此同时，我还要努力确保我们的小家伙不会把水倒在地板上、爬上某个东西、从某个东西上掉下来。我有没有提过我还得化妆？也许，有的时候，我还得卷发？这时候，我才意识到只有一个孩子穿了衣服，另一个孩子则把他的衣服上弄得都是饭，而我们在两分钟内就得出门了。深呼吸！

上午 7:45。我和我丈夫两个人要去两个不同的学校送孩子。今天早上我和大女儿一起出门，她早上 8:15 上课。我是那种需要摄入一点儿咖啡因，才算能真正开始这一天的人——我每天会在星巴克买一杯拿铁。我会从 App 上提前预订（它为我节省了 10 分钟）。我手里拿着咖啡，然后我们一起乘地铁去学校。我的丈夫克里斯和两个年幼的孩子待在一起，因为我们的二儿子上午 8:45 才需要到学校。

上午 8:30。作为后方保障，我们的保姆雷亚来了。克里斯步行送我们的儿子去上学。如果有分屏显示器可以看，这时候你会听到我们大女儿的学校的铃声响了，这意味着我该跟她道别了。我给了她一个深深的吻和一个紧紧的拥抱。她走进去了，然后她的母亲

“开足马力”去迎接这一天接下来的工作。

上午8:45。在我离开我的女儿比阿特丽斯，走向地铁站的那一刻，我就切换到了工作模式。我认为自己已经掌握了一边走一边发短信的技能，尽管我确信任何在旁边走路的人都会对此持有异议。我利用上下班路上所有的空余时间回复邮件、查看日程表，确保我为当天的所有会议都做好了准备。我从不浪费乘地铁的时间，因为这是一天中唯一一段任何人都不会打扰我的时间。在我开车去上班时，如果我一个人在车里且有多余时间，我就会用这段时间开始回电话。

上午9:00。我到达佳士得，开始一天中坐在办公桌前工作的部分。我之所以这么说，是因为如果你回顾一下我这一早晨，从起床到乘地铁的过程中，我已经工作了整整45分钟。有时候，我来到办公桌前，我就坐在那里，然后做几次深呼吸。早上照顾孩子们就像打仗一样忙碌，我的一天就这样开始了，所以我需要花一分钟静一静。一旦我感觉自己的精神稍微集中了一点儿，我就会打开电脑，开始全速工作。我最喜欢的激励方法之一，就是我最好的朋友科琳娜的方法——她会通过修改她的工作密码来提醒她当前的生活目标。如果她手头有一个需要完成的项目，那么她的密码就是该项目的名称；如果她想提醒自己坚持健身计划，她的密码就是“保持体形”。想一想，你每天要输入多少次密码。它每天提醒着你设定目标并坚持到底。我现在的电子邮件密码是“完成本书的第一稿”！

我工作日的前15分钟是用来做准备的。我会把电子邮箱的收件箱里前几天遗留的所有邮件都处理完；我会列出今天必须做的事项清单，放在我随身携带的笔记本的最上面；最后，在大家上午 9 点半左右都到公司之前，再次检查确认我没有忘记任何关于孩子的学校、家庭医生、私人邀约方面的事。

上午 9:30。这一直是我一天中最喜欢用来开会的时间，因为这个时候人们看起来精神饱满，对新的一天满怀期待。他们的这种状态跟拍卖会刚开始时的观众们很像。我发现人们在早上都很忙碌。喝完第一杯咖啡后，人们都很清醒，此时他们的注意力更集中，精力也更充沛。在我有孩子之前，我从来不是一个早上很勤奋的人，但现在我发现我喜欢早上的时间，我喜欢周围每个人身上散发出的活力。

如果你不是那种很守时的人，那就试着把你一天的日程打印出来，并一直带在身边。一份纸质的日历可以时刻提醒我在当下的时间该做些什么。白天我总是会在办公桌前至少给自己留出 30 分钟的独处时间。否则，当我离开办公室的时候，我就会觉得自己只是在跟进别人想让我知道的事，而完全没有来得及做我应该做的工作。

中午 12:00。正如我以前多次提到的，我喜欢面对面的交流。如果我要会见新的潜在客户，我通常会请他们吃午饭，以便更好地了解他们，这比和他们喝咖啡或打电话更有效。如果我不用去会见什么人，我就会快速地去最近的餐厅买午餐，然后回到我的办公桌前。如果有人向我抱怨说收不到老板的答复，我给他的建议是利用

“路上时间”——在老板去开会或者开会回来的路上陪他走那段路，甚至和他一起吃午饭。我团队里的一个成员在知道我一整天都要一场接一场地开会时，就经常这么做。如果我整个白天都没时间和她说话，那在这一天结束的时候，她会找机会和我待上15分钟。当我回到我的办公桌前时，她就找到了机会说她所有想说的事，我的一天也就会继续进行。当我要步行去几个街区外的地方参加一个午餐会议时，另一个同事也会提出要做同样的事情。他有他的安排，我也有我的安排，所以我们唯一共有的空闲时间就是我步行5个街区的时间了。他和我一起步行去参加午餐会议，我们讨论了具体策略，他则在回来的路上买了午餐。虽然不是每天都那么忙，但是如果你有很多事情要做，那就记住你的日程表上还有一些空闲时间可以被利用。

下午2:00。我下午的时间通常用来回复手机短信，与潜在的合作伙伴见面，与拍卖委员会成员讨论如何在他们的活动中筹集到更多的资金，或者与我的团队进行头脑风暴来讨论新的合作伙伴关系策略的事情。我注意到在一天中越晚的时候，来办公室闲聊的同事就越多。事实上，除了你的直系亲属，你和同事在一起的时间几乎比和生活中任何其他人在一起的时间都多。你能和你最好的朋友每周连续5天，一天8到12个小时都见面吗？你和同事之间建立的友谊和纽带关系可以帮助你增加工作经验，同时拓展你的人脉网。是的，他们是同事，但是如果你们在工作上一直都互相支持和帮助，那你们就没有理由不能在办公室之外也成为朋友。我最亲密的一个朋友就在我的项目团队中工作。我说的“最亲密的”朋友，意思就是关系最好的朋友。我是她婚礼上的伴娘，她也是我婚礼上的伴娘。

我在同一个地方工作了20年，对此很多人都表示不敢相信。然而，我能够留下来并取得成功，是因为我与同事们的关系很好，我关心他们的感受，而且会尽可能地随时都和他们保持积极的关系。虽然与同事的关系是生活中很重要的一部分，但你也要知道，在你每天赶着回家、赶着去做另一份工作或赶着去上健身课的时候，有些同事却会像黑洞般无止境地占用你的时间。不要误解我的意思，我跟其他女人一样喜欢与朋友、同事进行长谈，我一直在努力争取到点就停止工作，然后回家，尤其是在拍卖日。在同一家公司工作这么多年后，我很了解我的同事们，他们经常是“顺便”来找我说一些事，然后就顺理成章地占用了我一天中的一个小时。我在几年前就明白，为了与爱聊天的人保持良好的关系，只需要每周去他们的格子间或者办公室进行一次5分钟的“顺便拜访”，你就能表现对他们的兴趣了，同时又不会耽误你自己的时间安排。你不用再因为某些人一直往后拖延你的下班时间，而感觉你得经常听从他人的摆布。你自己可以选择结束对话，或者想什么时候离开就什么时候离开，不用非得让他们离开（或者编造借口，解释为什么他们需要离开）。我喜欢挑一个话题来与他们分享，或者问问他们的近况，并给整个交流留出5分钟的时间。另外，千万不要坐下来，而是要随意地靠在门框上或靠在格子间的挡板上，这样会给人一种你只是路过，而不是特意来盘问别人整个周末情况的感觉。

下午 4:30。在拍卖日，我会设置一个下午 4:30 的闹钟，然后在下午 4:45 到 5:00 停止日程安排，这样我就可以有大约半个小时来把这一天的工作进行收尾，和我的团队进行沟通，并解决一些重要的问题。我总是告诉他们："我会在 15 分钟之后离开，以防你们有需要我帮助的地方。"我努力让我的团队成员感到我给他们授权了，这样他们也可以有时间解决当前工作中遇到的问题并推进后续工作。话虽这么说，但有的时候在我离开办公室之前，我并不能解决他们的所有问题，所以从我离开办公室的那一刻起，那一整个晚上我都会在打电话。我会在地铁里继续处理邮件。虽然我完全赞成花一定时间刷手机，但是我设置了使用照片墙、脸书和推特这些软件的时间限制，这样就既能满足我的兴致，又不会变成完全在浪费时间。即便是坐在车里排队等着接孩子放学，或者是在地铁站台上等车，又或者仅仅是在食品连锁超市"缺德舅"（Trader Joe's）等着结账，你也可以试着快速处理任何与工作相关的事情，而不是浪费时间在照片墙上给你从未见过的人的照片点赞。

下午 5:15。当我走向公寓楼的走廊时，我总是能在进门之前就处理完邮件问题或者解决掉一些紧急的问题。有好几次，我正站在公寓门外写邮件，突然低头看到邻居的小女儿疑惑地盯着我："你在干什么，莉迪娅小姐？"十次中有九次，我甚至都听不到她走向我的声音，这下你该知道我是多么专注于我的手机和手机上的问题了吧。当我走进家门时，我的孩子们想要的是他们的母亲，而不是战略伙伴关系部门的全球负责人。我想看到的是他们跑过门厅来想要被我拥抱的笑脸，而不是我的苹果手机上的文字。如果为了确保直到他们睡觉前我能离线几个小时，我必须在门外站 20 分钟，那我就会这样做。我想在从我一进家门到让孩子们上床睡觉的这段时间里，能用全部的时间陪他们在一起。除非真的是很紧急的事情，否则从我走进公寓到我关上女儿房间的门，我都不会做别的事情。

把手机塞进手提包之后，我就走进了公寓。我看到的是 3 个孩子乱哄哄的场面，他们已经放学回家了，通常这个时候他们正准备坐下来吃晚饭。接下来的两个小时是关于他们的——听他们一天的生活内容，伴着音乐唱歌。洗澡时间一到，我们就和我们家的保姆道别了，洗完澡我们就换上了各自的睡衣。保姆走后，我晚上剩下的时间都是在给孩子们读书和哄他们睡觉。当我终于在 7 点到 7 点 15 分把他们弄上床时，我通常也想爬上床睡觉了。但是一走出大女儿的房间，我就又回到了网上。而且在大多数情况下，为了完成所有需要完成的事情，或者直到我丈夫回家前，我能上很长时间的网。即使是在我有慈善拍卖活动要参加的晚上，我也会在出租车上和舞台的后台回复邮件，一直到我上台前的几分钟我都会处于工作状态。智能手机真的是既有美好的一面，又有让人讨厌的一面——你可以随时随地工作，但是你也可以随时随地浪费时间去上网。

晚上 7:30。不管一天中到这个时候我有多累，我都不得不激励自己，为了晚上的工作而转换到“马力十足”的状态。我已经计划好了在拍卖会上我要换什么衣服，而且我已经把我需要的所有东西

（便笺、拍卖槌、口红）都装进了放在前门的晚装钱包，所以我现在要做的就是确保自己已经调整到站在舞台上的状态。如果这个时候你在我家窗外往里看，你会看到我穿着半拉着拉链的鸡尾酒礼服站着，化好了舞台妆，正准备卷起或拉直我的头发，并一遍又一遍地读着我那些拍品的介绍词，试图把所有信息都装进大脑。我把高跟鞋塞进包里，穿上一双平底鞋，以防因为交通堵塞而不得不下车往前跑。另外，我已经准备好了，等着听钥匙开前门的声音。如果我把所有事情都留到最后一分钟，我会感到很有压力和慌乱；如果我把每件事都安排好，我甚至都不用再去想它们。

晚上 8:00。我丈夫及时赶回家，正好帮我拉上我衣服后面的拉链。我们互相迅速交换了一天的情况，然后我就出门去上夜班了。

晚上 9:00。如果我没有坐下来参加当晚的晚餐环节，我会在活动即将开始的时候到达，这样我就有几分钟快速解决掉紧急关头出现的任何麻烦，或者可能会出现的问题。在后台，我会站着回顾那些拍品的介绍词，直到我听到那个神圣的声音宣布："3，2，1……""砰！砰！砰！"——当拍卖槌敲击台子的声音传来，我在后台感受到的紧张情绪就立刻消失了。"晚上好，女士们，先生们……"

晚上 10:00。一般在晚上的这个时候，我已完成拍卖工作，走在回家的路上。我不喜欢在拍卖前吃东西，所以我通常会订一些吃的东西，在我差不多到家的时间送到，或者从冰箱里随便拿出点儿东西吃。

晚上 10:30。这个时候，我终于可以穿着睡衣窝在沙发上了：一边吃着东西，一边写我的书，或者和我丈夫聊一聊我们在今晚第一次 5 分钟的短暂见面中没说到的事情。如果我丈夫已经睡着了，我就会坐下来写东西，或者确认一下孩子们上学需要的一切东西都准备好了，并再次检查一下我的计划表，从而可以预计第二天可能出现的任何情况。

晚上 11:45 或 12:00。虽然我小时候是个夜猫子，但我现在会尽量在晚上 12 点之前上床睡觉。我母亲过去常说，她很担心我以后的人生，因为我似乎总喜欢熬夜，不愿意早睡。如果我不是因为早上得面对三个精力充沛的孩子，我会一直看书到凌晨 2 点或 3 点，或者写我的第二本书——这在我的人生路线图上是再往后一点儿的计划。但是如你所见，在平时的每一天里，我一分钟也不会浪费。在每一个这样的日子里，我都不会感到有压力或失去控制，因为我可以想象到接下来会发生什么，然后去解决可能出现的任何问题。

在我每天出门之前，我就已经了解这一天会是什么样的了。用这种方式，每天结束的时候我都会觉得自己完成了所有需要做的事情，这就让我觉得，在大部分时候，在一天结束的时刻我都取得了成功——不是所有的日子，而是大多数日子。优先安排与孩子和丈夫在一起的时间，完成每天设定的目标，并继续思考设定新的目标，这样才能让我感到充实，这就是我心目中的成功。但并非所有人都是如此。所以，你要弄清楚对你来说的成功是什么样子的，然后开始规划你需要付出什么才能达到目标。只有当你对自己及你想要的东西有信心时，你才会有清晰的思路和专注力去展望未来，并想明白下一步该怎么走。那个时候才是你能够向别人推销你自己和你的愿景的时候。

过有计划的人生

对此，我有过亲身体验。5 年前，我参加了一场在文华东方酒店的宴会厅为一个名为“成长空间”的非营利组织举办的拍卖活动，这个宴会厅占据了优越的地理位置，可以让人从曼哈顿上空的一排窗户俯瞰中央公园的美景。我站在台上，旁边站着身态柔美、金发碧眼的女演员乌玛·瑟曼，她向观众介绍了我，并且最后再次恳求观众，鼓励观众尽可能多地为该慈善组织捐钱。我为“成长空间”做公益拍卖已经有好几年了，在拍卖会前半部分，我和观众开玩笑互动的时候，我就关注到了一位坐在前排戴着一副黑框眼镜的绅士，他也曾举手参与竞价。

就像我在参加拍卖会时经常做的那样，我立刻把他比作某个人物角色。我这么做有双重目的：这既有助于吸引人们参与拍卖，又能帮助我在整个拍卖过程中记住这位竞拍者。这个人物角色通常是我在看到这个人时脑子里第一个想到的和他长得相像的名人。在某些情况下，因为害怕会冒犯竞拍者，我会选择不说出来，但是这次我没有。

“克拉克·肯特先生，欢迎您来到拍卖会。”

这句话引来了观众的一阵笑声，也博得了这位竞拍者的微笑。更重要的是，这并没有降低他的出价。按照拍卖规则，他出价越高，他在拍卖中被报出名字的机会就越多。

“克拉克·肯特就在我的前面参与竞价。白天他是作家，晚上他是超人。”

“他可能在来的路上在某个电话亭换装了。”

“他穿着红色斗篷和紧身衣拯救这个世界。”

“克拉克·肯特”很快就成了全场的明星。

拍卖结束后，“克拉克·肯特”找到我，介绍说自己是乌玛·瑟曼的经纪人贾森·温伯格，他是洛杉矶顶尖的演艺经纪公司之一的“无名娱乐”公司的创始人。

在打趣了几句之后，他问我是否有兴趣在那个月的晚些时候和乌玛还有他共进早餐，共同讨论我可以怎么利用一下“我的天赋”。

我当时的内心独白是：你在开玩笑吧？哦，我的上帝啊。镇定。镇定。不要失态。不要笑得太厉害，只能微笑一下。镇定。

我对“克拉克·肯特”和乌玛说：“那太好了，我很期待。”

那天晚上晚些时候，他给我发了一封电子邮件，标题写着“我正在为你找一个适合你的舞台”。

这已经不是第一次在我下台后有人约我进行商谈了。事实上，在我从事拍卖工作近十年的职业生涯里，似乎总有人向我递上名片，或者问我同样的问题。

我要怎么利用“我的天赋”呢？虽然我会笑着眨眨眼说：“什么？在15分钟内筹到50万美元对你来说还不够？”但其实我心里明白他们的意思。我总觉得有比在舞台上夜复一夜主持拍卖更有意义的事在等着我。我热爱销售，从一件拍品到另一件拍品，从一个竞拍者到另一个竞拍者，但不仅仅是这些。我也喜欢鼓舞和激励观众。我知道其中有些事需要我去做。我只是不清楚那到底是什么，更不清楚我如何才能做到。

坦白地讲，很多人替我出过主意：做真人秀！

不。不是这个。虽然这看起来似乎一定能火，能让我在佳士得的职业道路更加坚实，但不是这个。此外，我从来就不擅长争辩或者挑出别人的小毛病。

当演员、说相声，还是主持节目？似乎没有人能完全弄明白。我也不能。

我知道我不想浪费这个有点儿不可思议的机会，所以在我们一起吃早餐前的那天晚上，我坐下来，勾画了我职业生涯的路线图。就在那张图里，在列表的顶端，我列出了我的一个目标。

写一本书。

第二天，贾森、乌玛和乌玛的制片合作伙伴加布丽埃勒，带我去了格拉莫西公园酒店吃早餐。正如你可以想象到的，我在整个早餐期间都在祈祷，希望某个我想给他留下深刻印象的人能从我身边走过，然后这个人发现那天早上我的同伴比我的那些通常在星巴克手握咖啡的同伴更加让人印象深刻一些。可是我没有这样的运气。

早餐过程中，我们讨论了一些常见的想法：主持一档电视节目，或者在喜剧节目中扮演某个角色，但是我告诉他们我的想法是创建一个平台，在这个平台上我可以把我在世界各地夜复一夜主持拍卖，对大大小小的观众群进行推销时学到的经验传授给别人。我想教人们如何以真实的自我进行推销，如何激励、鼓舞他们面对的那些人，并和他们建立人际关系。

早餐持续了几个小时。我们在离开的时候已经制订出一个完善的计划。我发了很多邮件，开了很多会，但是我对自己到底想写什么还是没有一个清晰的认识。虽然我也会时不时地写点儿东西，但是我似乎什么也汇总不出来。最终，这次会面没有取得任何成果，因为我还没有完全计划好如何从我现在所处的状态到达我想要的状态。但这个想法的种子已经种下了——我想写一本书。在接下来的几年里，关于这件事我想了很多，但是我仍然忙于照顾我的 3 个孩子。每当我考虑这件事的时候，我也会想到其他需要做的事——为孩子申请学校、预约医生、陪孩子玩儿、做我的全职工作。生活中有太多其他的事情需要我做了，这让我一想到如何写书、如何卖书及这中间的所有事，就会心生畏惧。但我仍在考虑写些什么，并开始为我想写的这本书勾勒出一个大纲。

在格拉莫西公园酒店吃早餐的 4 年后，我又吃了一顿让我离目标更进一步的早餐。在我担任佳士得的战略伙伴关系部门主管后，我曾和菲顿出版社的总裁基斯·福克斯有过几年的合作经历，他碰巧参加了黑特里克－马丁协会的拍卖会，当时我是拍卖师。这个拍卖会一直都很活跃，观众参与度很高，多亏了这些了不起的观众，我们很容易就筹得了超过他们的筹款目标的钱。第二天，基斯给我发了一封电子邮件，邀请我一起吃早餐，因为我们一起吃过很多次早餐并在用餐期间进行了会谈，所以这对我来说也没什么不寻常的。我到达了早餐地点，以为我们要讨论佳士得和菲顿出版社之间合作伙伴关系方面的事情。但是早餐一开始，我便看出来基斯考虑的是别的事。他甚至都还没看菜单，就问了我一个我听过很多遍的问题："我想知道，你打算利用你的天赋做些什么呢？"这个问题让我感到惊讶，因为在那一刻之前，我从来没有想过，作为一家出版社的 CEO，基斯才是可以帮助我解决如何卖书这个问题的最合适的人选。这一次，我脑子里已经有了关于这本书的路线图，坐在我面前的就是我要寻求帮助的最合适的人。所以我就这么说了："我想写一本关于销售的书，但是我不知道从哪里开始写。"几天之内，基斯就给我介绍了他在出版界的一些朋友和同事，他们给我讲解了图书销售和写作的流程。一件曾经让人望而生畏的事突然变得没那么困难了。

我真的相信，在生活中，你想要做的事情都会在合适的时间发生，但是只有当你敞开心扉拥抱这些机会时，这些事情才会真正发生。基斯为我打开的那扇门帮助我在我的路线图上走得更远，但是为了获得我想要的东西，我必须拥有清晰的愿景和方向。虽然这个过程花了几年的时间，但是那些对话已经为我的人生打开了最精彩的新篇章之一。我终于迈出了第一步。

对于为你人生的各个方面制订路线图这件事的重要性，我再怎么强调也不为过。要成为最强大的女人，你需要知道你的目标是什么。有时我发现，最简单的方法就是坐下来拿出铅笔和纸，简单地勾画出一个实际的计划。在一年的时间里，我一次又一次地对我的路线图进行更新、补充，根据发生的意外事件对它进行修改。当我在这个过程中到达一个里程碑的时候，我会在内心庆祝一下。

最后，你需要记住一件事：制订路线图没有时间限制。仅仅因为你决定了要在一年内完成一个项目，并不意味着这件事一定会在一年内发生。从我第一次提到写书的事，到写完这本书的计划书，我花了5年。我一完成计划书，就在3周内把它卖掉了。把计划书卖掉后，我发的第一封邮件是给贾森·温伯格的，我在邮件中感谢他大约5年前带我去吃那顿早餐。第二封邮件是发给基斯·福克斯的，以感谢他带给了我实现梦想的武器。要么建立人脉，要么完蛋，对吗？

最强大的女人会追求她想要的任何东西，以确保她过上自己想要的生活。她会为自己的个人生活和职业生涯制订路线图，让自己走上正确的道路，并不断前进。你可能不是每次都能得到你想要的东西，但是如果你盯着你的目标，并且保持专注力，你就能获得比你的梦想更大的成就。我相信很多我认识的人从来没有想过我可以写一本书，也许我曾经一度也是像他们这么认为的。但是在内心深处，我知道我会完成这件事的。我也知道，如果你深入挖掘自己的潜力，创造你的路线图，并开始前进，你也会做到的。

她们的现在就是你的将来

——如何规划自己的人生

沙恩·贝洛克

巴纳德学院校长，认知科学家

生活是有压力的，这一点我们都知道，但是我们可以使用一些策略来缓解这些压力。外界在我身上施加的要求越多，我就越需要停下来评估现状并小心行事。这就意味着我要绘制一个进程表，用清单和图表来确定优先要做的事，并保证完成它们。但是有点儿违反常识的是，这也意味着该进程表要具备足够的弹性和灵活性，这样才能对其进行修改和调整。因此，我试着用铅笔而不是用钢笔来绘制我的路线图，而且，正如我的研究结果建议的那样，在有必要的时候，我会在固定计划中安排出休息的时间——在大自然中走十分钟，绕着街区快跑，甚至用几分钟让大脑清醒一下。通常情况下，我发现这样做可以让我以更好的自我状态完成我想做的事。

克丽斯滕·莫里西·蒂德

Starry 公司[①] 商业发展和公司战略部高级副总裁

2000 年，我从谷歌买了一份广告。每次我打电话给谷歌想要续约时，他们都会告诉我一个新的联系人。这种情况发生了 3 次，我终于忍不住对谷歌的人说："既然你们都会雇用这些人，那你们也应该雇用我。"他们让我飞到纽约，我一整天都在进行面试，结果我却没有得到那份工作。那是一个新的职位，内部团队无法就他们要找什么样的员工达成一致。

两个月后，我对他们的招聘情况继续跟进，问他们是否找到了合适的人选，他们说："没有。你想再面试一次吗？"所以我飞回纽约，又面试了一整天，他们还是没有给我那份工作。又过了两个月，招聘人员打电话给我，问我是否想再面试一次。我答应了，但这次我带了一份 PPT（演示文稿）来到纽约，准备向他们演示我将如何做好这份工作。这次，谷歌团队同意了！当时，我的父母和朋友都不知道谷歌是干什么的，他们认为搬到加州去一个网上黄页公司工作是一个非常糟糕的想法。幸运的是，我答应了，后面的就是我的故事了！

---

① Starry 公司是一家致力于提供更快、更便宜的无线宽带服务的创业公司，旨在与销售互联网的主流有线电视和通信公司竞争，彻底改变电视行业。——译者注

凯特·舍尔特

《古典风格》作者，艺术家，创意总监，设计师

我是做独立设计的。我独自制订计划。自从我创立凯特·舍尔特这个品牌，二十年来，我一直拥有对凯特·舍尔特公司的所有权，通过自我定位、明确我的目标、重新定义我的角色、完全拥有这个品牌等方式，我一直在细心经营着我的职业生涯。我能创造我所能看见的、写下来的或想象到的东西。

简单来说，我会把一切都写在纸上。一切。比如，待办事项清单，要购买的食物，脑子里闪过的想法，需要回复的人，出差事项，职业目标，个人目标，健身计划，在凌晨 3 点失眠的时候想到的绝妙的想法，想见的人，想去的旅行，要参加的展览，想完成的梦想，要宣传的项目，想相约共进晚餐的朋友，等等。如果我想到了，我就能做到——全靠写下来，因为把事情写在纸上是一种宣泄。实际上，写下来的过程会把想法带入我的潜意识，它本身也常常会激发一些想法。一个知道自己想要什么的女人是强大的，因为没有什么能阻止她从清单上划掉每一个待办事项——她一件接一件地完成了这些事。我在家里的每个房间都放了一沓纸和几支笔——当你剔牙或洗碗时，你永远不知道会有多少绝妙的主意和想法在大脑中闪现。请在日志中记下你所渴望的更宏大的想法和项目。我处理事情的顺序并不等同于它们进入我生活的顺序，我能够根据我需要做的事和

其他人需要我做的事来优先安排我的时间。事情有轻重缓急之分，紧急的是生死攸关的事，其他事情的优先顺序都是我来安排的。我做事情的优先顺序成了我生活中的谈资——与朋友们交谈，在头脑里与自己交谈，与整个宇宙交谈。在你去旅行的前一天，你是否注意到自己完成了多少工作？要带着激情和警觉去应对每一个工作日，就像你马上要登上一架飞往图卢姆[①]的飞机一样！

如果你在视觉行业工作，那么你的路线图必须是可视化的，不管是照片，你自己的图纸和草图，还是计划，所有对你来说重要的和非常私人的东西都应该被列进去。你能挑出这些来，就意味着它们是你的一部分。它们可能需要在你职业发展的过程中得到进一步的完善和发展——这样做就步入正轨了！

通过每天练习来获得你想要的每样东西，成为它的一部分，与别人谈论它，以此消除紧张情绪。

① 图卢姆（Tulum）是玛雅文化后期的重要遗址，坐落于墨西哥金塔纳罗奥州境内尤卡坦半岛东海岸。——编者注

最强大的女人

会

●●●●●●

9

学习，学习，学习

请跟我实话实说。

你是否曾为了能在键盘上大声打字，在电话会议、面试应聘者或者与朋友或父母通话时按下免提电话上的静音键呢？当和你谈话的那个人离开房间去开会时，你会离开房间去拿水或咖啡，或者从办公室桌子上的糖果盘里拿一块巧克力吃吗？

我这么做过。很多很多次。

为什么这个问题这么重要呢？

因为如果你这么做了，那很有可能别人也这么做过。

正如我说的，科技是一个很了不起的东西——多亏了生鲜直达电子商务平台 FreshDirect、打车软件优步（Uber）和星巴克客户端，我节省了很多个小时。

但是……

这也使屏蔽别人变得极其容易。当你试图进行推销时，人际关系，以及了解你的推销对象究竟想要什么，是决定你能否推销成功的关键因素。销售的关键是了解坐在桌子对面的那个人想要什么，以及你所销售的东西能如何帮助他实现他的目标。你必须了解你的顾客。如果你想从相反的角度来考虑这个问题，那你就想一下给你打电话的电话销售员，他们甚至在你还没来得及回答他们问的“你今天过得怎么样？”时，就开始推销了，电话那一头的噪声太大了，你甚至觉得还不如和他们一起待在呼叫中心呢。问候你只是他们话术的一部分，这样他们就可以直接切入他们的推销。他们并不是真的关心你今天过得怎么样，你也不会相信他们真的关心你过得怎么样。但是通过这句问候，他们迫使你保持关注，让你在至少接下来的 5 秒之内投入他们的推销。

低效沟通等于被屏蔽

如果你不相信，当你怀疑你朋友会把你打的电话调成静音的时候，你可以试试这种方法。如果某个人问了你中肯的问题，问的方式也不是特别粗鲁，那你就几乎不可能会把电话调成静音。如果一个人正滔滔不绝地把他想说的要点一股脑地抛向你，中间也不停顿一下听听电话那头的你的反应，这种情况就很容易让人把电话调成静音。你在网上点开一件你喜欢的裙子看了一下，结果接下来这一天你在每个网页上都会看到这条裙子，你知道这是怎么回事吗？

卖这条裙子的服装公司正在和你用多种形式进行交流对话。一旦他们看到你喜欢某样东西，他们就会回来再找到你，然后改变交流方式——他们会降低价格，会提醒你的购物车里还有某样东西，然后再次降低价格。当你在进行面对面推销时，除非你可以事先知道你的此次推销是否会彻底失败，否则你也会做同样的事情。当我最初创建战略伙伴关系这个部门时，我在对外面的公司进行推销前，对于这些公司如果想跟佳士得合作需要付多少钱这一问题，我常常在脑子里已经有数了。但是我很快意识到，推销并不像我过去所展现的那样看起来非黑即白。销售可能有很大的灰色地带，除非你还愿意听你的销售对象说别的，否则你最好一完成推销就马上离开。通常情况下，对于和某个公司的战略合作，我想要的数额与该公司为这个特定的合作伙伴关系所做的预算并不一致。然而，如果我能说服他们从不同的角度来看待这个问题——或许可以从通过广告和市场预算来支付费用的其他项目中整合一部分资金，而不是走活动预算——我就能找到不同的方法来完成我的目标。这有点儿像下棋：每局的走法可能不同，但目标总是一样的。如果该公司的预算没有我想要的那么多，有时候我就会把谈话转向更贴合他们预算的内容。我尽量在开口之前就了解他们在预算方面的参数，这样双方的对话才不会草草结束。做销售不是告诉别人你想告诉他们的内容，而是了解他们的目标，并调整你的推销策略，使你销售的产品满足他们的目标。与别人谈话的时候，不要心里总想着你能从别人那里得到什么，而要努力做到主动提出帮助他们完成他们的目标的建议。你们之间总有一个协同点，你的任务就是找到它。

第一点也是最重要的一点是，只要有可能，就尽量和对方面对面地交流，亲自进行推销。这会带来革命性的改变吗？不会。但是我可以向你保证，面对面的交流将会为你们牢固的关系打下坚实的基础。这让你有机会在头衔和办公室等级制度之外的人文层面去了解一个人。另外，最重要的是，这样可以避免当你说话的时候，他们有机会用某个设备去做其他的事情。毋庸置疑，事实证明，我花时间去认识另一支团队，并尝试去了解他们的背景，这样建立起来的合作伙伴关系比那些一切都通过电话或电子邮件而建立的关系更富有活力和成效。任何工作上的关系在好的时候都是好的，但是在事情偏离轨道的时候，对和你共事的人有更好的了解能帮助你们以合作的方式渡过难关，而不是在推卸责任上浪费时间。

如果你认识要接收邮件的那个人，你难道不是更愿意与其进行面对面的接触，而不是通过发邮件的方式来减轻对方的困惑吗？如果是我，我肯定更愿意进行面对面的接触。和收到某个从来没见过的人发来的邮件相比，收到卡罗琳的邮件更能引起我的共鸣，我知道她刚生了一对双胞胎男孩，最近孩子们总是不好好睡觉。我还发现，如果人们喜欢和你在一起，他们就更有可能和你做生意，反之亦然。我的一些合作伙伴关系已经在预期的终止时间上延长一两年了，原因很简单——我们的团队合作得很愉快，因此我们会不断创造新的合作方式。我并不是一个很好的高尔夫球手（这一点让我丈夫很懊恼），但是我完全理解每天花 4 到 5 个小时打高尔夫球是多么好的一个商业想法。在 4 个小时里，你可以对一个人了解很多。毫无疑问，我在佳士得创建的那些最好的合作伙伴关系运行得很好，因为我们与其他团队的人相处融洽。

最好的情况是，你有机会与别人亲自会面。然而，如果没法儿做到面对面交流，在不需要坐飞机或火车远行的情况下，也还有很多方法可以让你和别人建立联系。当别人要求你通过电话推销任何东西的时候，这里有 4 条建议可以助你一臂之力：

（1）在打电话之前先对要与你通话的人做一个简单的背景调查，然后用通话的前两分钟去进一步了解对方。

将通话安排在早上，这样你就可以在别人感到清醒、精力充沛且对自己的一天充满掌控力的情况下给他们打电话，这样可以取得更好的效果。任何时候，只要有可能，就算只是打一通电话，你也要利用科技为你的成功做好准备。搜索一下要与你通话的人的资料，然后找到一切你们之间自然的联系点，这可以帮助你与那个人建立联系。然后，在开始正式通话前，利用通话刚开始的前几分钟尽可能多地了解对方。我并不是说闲聊 10 分钟——要尊重对方的时间和约定好的通话时长——而是要花一点儿时间去了解对方。把对方告诉你的关于他们家庭、旅行等方面的任何事情都记下来，这样下次你在说话的时候就可以再次提起这些。一个有才能的销售人员会利用对方个人情况方面的信息作为引子来让他们对与你的通话充满期待，然后在整个谈话过程中不断地重新吸引他们。

发电子邮件也是一样。如果你想通过电子邮件引起别人的注意，一定要用你在面试应聘者时对某人进行调查所用的方法，对他们进行调查。试着找到一个共同的背景（我们在同一个州长大，在各自的公司工作了同样长的时间），这样可以让推销更加个性化。然后要尽量简明扼要，切中主题。在现代社会，由于人们的待办事项清单上有太多要做的事情，大多数人的注意力持续时间都很短，所以不要再给他们增加待办事项了，你要向他们表明你给他们发的内容是你精心准备过的，而不是只花了5秒进行复制粘贴的。

（2）远离照片墙、色拉布（Snapchat）、推特之类的社交软件。

无论你是做推销的人还是听别人推销的人，你都要关掉电脑，把其他所有的移动电子设备放在抽屉里或钱包里。这是一个喜欢同时处理好多项任务的人给出的建议。当我在听别人推销或向别人推销时，我会试着排除一切干扰，这样我就可以专注地听电话那头的人说的内容。如果我试图同时做太多的事情，我就很容易错过一些重要的事情，这些事情在这次谈话的后续部分或者在任何未来的谈话中都可能是对我有帮助的。你可以问问我团队里的任何一个成员，开会前我做的第一件事就是把电脑屏幕转过去对着墙。我发现当有

Outlook 邮件消息从电脑里弹出来的时候，我就很难关注我面前的人了，但是我过去也有一个老板常常在我说话的时候查看邮件，这让我很抓狂。我一直都不确定我是否把我的观点有效地传达给了她，因为她似乎从来没有集中注意力关注我。当我离开的时候，我总是怀疑她是否真的听到了我在谈话过程中说的话，或者当我和她说话时，她是否正在网购。

（3）使用对方的语言体系。

不管什么时候，只要我因一场即将举行的拍卖会而要去会见一个非营利组织的人，或者第一次会见一家新公司的人，我就总是会问这个组织或公司是否有一个首字母缩写或昵称。通过使用这些首字母缩写或昵称，我可以让与我交谈的人或观众感觉我就是这个团队的一部分。做推销也是一样，要用对方使用的语言，以便让自己尽快和他们熟络起来，并用相同的语言进行推销。需要澄清的是，我并不是说如果他们说西班牙语你也要说西班牙语，而是如果你发现电话那头的人喜欢跟你说一些商学院的行话术语，比如“层叠”“行业”“SWOT 分析”[①]，或者如果一个非营利组织使用首字母缩略词而不是他们的全名，那么当你通过电话或电子邮件向他们推销的时候，你要很自如地再次使用他们的这些词语。

① S（strengths）是优势，W（weaknesses）是劣势，O（opportunities）是机会，T（threats）是威胁，SWOT 分析又称企业战略分析，即基于企业内外部竞争环境和竞争条件的态势分析。——编者注

（4）以销售为中心，以销售为中心，以销售为中心。

你在电话里或与人进行面对面交谈时，有一件事一定要记住，那就是你有机会实时进行巧妙的推销。如果你想在任何类型的销售中取得成功，不管是在面试中推销自己还是推销你的想法或观念，要记住一个诀窍，那就是不断地与对方进行讨论，这样才能让人感觉像是双方在对话，而不是独白。在你开启对话并说完第一部分观点之后，花点儿时间听听对方是怎么谈他们的目标的。只要有自然的联系点出现，你就要试着把你的观点融入对话，这样这段对话自始至终都会是一段良性的有来有回的对话。

提升能力的相关性

为了保持销售中的相关性，你必须随时了解各种你可以利用的平台和技术，以帮助你提高销售能力，这一点很重要。因为有时候，正是基于人际关系和技术的综合利用，你才能实现最有效的销售。几年前，我在旧金山参加了一场名为“引爆点”的机构组织的拍卖会，该组织旨在消除旧金山湾区的贫困。拍卖会的观众都是旧金山的捐赠大户，他们是旧金山的慈善人士和来自硅谷的热心捐赠者，这构成了完美的捐赠组合。除了来自科技领域的捐赠者，很多在科技界工作的人士也会参加拍卖，所以该组织总会配备最新的、最好的视觉技术和竞拍技术。例如，今年我主持这场拍卖会的时候，他们就采用了加密货币的方式进行竞拍。拍卖的形式相当简单：在进行两三个拍品的简短的现场拍卖后，进行“叫牌出价”环节。在纽约以外的城市参加拍卖会总是很有趣的，因为我有机会见到不一样的观众。纽约以外的城市往往没有那么多的拍卖活动，所以观众不会有因一周每个晚上都参加拍卖会而产生的拍卖疲劳。

我听说过一些关于“引爆点”群体有多么慷慨大方的事情，令我高兴的是，他们果然没有让人失望。从第一件拍品到最后一件拍品，人们都踊跃举手，竞拍金额超过了预期的数额，达到了我们期望值的两倍、三倍，甚至四倍。在舞台上，我清楚地看到，观众是相互联系的、专注的，并且非常有动力为一个他们认为能够改变当地状况的组织捐款。拍卖结束后，我和“引爆点”的 CEO 站在台上，开始了当晚的“叫牌出价”环节。正如那年春季拍卖季中我在纽约的很多拍卖会上看到的那样，传统的“叫牌出价”方式已经不再时兴了。如今，在拍卖市场上，人们在“叫牌出价”环节使用的设备都是苹果手机，这样一来，客人们就可以匿名捐款了，他们既不用举手，也可以避免在该环节被别人调侃。大约 5 年前，当这些设备第一次出现在拍卖现场时，每个组织似乎都想尝试一下，或者会问我是否可以用这些设备进行“叫牌出价”环节。这在一开始似乎是个好主意——这肯定会使这些组织的“叫牌出价”环节变得更容易。但是仅仅经过几次拍卖会，从我在舞台上的角度就可以看出，这种只靠一台设备的方法似乎使“叫牌出价”环节变得太平淡了。我一次又一次地听这些组织反映说，拍卖结果不如他们使用现场拍卖师的时候好。多年来，我合作过的许多组织都开始向使用数字技术转型，以此增加他们在“叫牌出价”环节筹集的金额，但是最终他们又都回到使用现场拍卖师来主持当晚的“叫牌出价”环节的模式。

当这场向数字化捐赠转变的运动开始的时候，我从舞台上注意到的两件最显著的事情是：首先，当你允许现场所有人拿起电话的那一刻，他们就立刻从先前专注参与的体验中脱离出来了。此外，十有八九，即使客人都心怀善意，也打算捐款，但是当他们拿起手机，看到一封工作邮件或者交友软件 Tinder 上最新为他们匹配的对象时，他们就会完全忘了捐款这回事，开始刷手机了。使用互联网的结果是，没有捐赠，也没有参与。其次，它会把房间里的能量吸走，你的观众群带来的巨大能量就这样消失了。你没能利用房间里的能量把你的“叫牌出价”环节提高到一个更高的水平，而是只能盯着一群盯着手机看的观众。他们确实是在全神贯注地进行社交，但其对象是他们的手机。在“引爆点”这个案例中，许多数字化的技术都增强了人们通过手机捐款的体验——现场设有一个大屏幕，随着捐款数目的不断增加，屏幕上的数字图表也在不断增长。但从我的角度来看，我觉得当人们投身于周围人的竞价过程中时，现场筹集的钱会更多。我能够看出来，观众如果受到鼓舞就会捐款；我希望有机会看到，如果人们是作为一个群体而不是单独的个人而受到鼓舞的，那他们会怎么做。还有什么比身边的人在做一件伟大的事而带来压力这种古老的方式更能鼓舞人心的呢？唯一比这更好的是，除了身边的人带来的压力，还有拍卖师在鼓励你捐赠尽可能最多的钱。这就是我的切入点。

“引爆点”组织的拍卖会，每年在慈善之夜能筹集超过1 000万美元，对于这样一个运作得那么好的模式，我们肯定永远也不想把它打乱。但是在与“引爆点”合作了几年之后，我确信，如果有一群积极性很高的观众能带着和他们在轰动的现场拍卖环节时同样高的能量去参与“叫牌出价”环节，就会产生更好的效果。就像我说的，问问总没坏处。最坏的结果无非是对方跟我说“不”。

几周后，我和“引爆点”的团队通了电话，对即将举行的拍卖会进行讨论。他们计划在拍卖会上只进行一件拍品的现场拍卖，并告诉我他们感到很不好意思，让我跨越整个国家飞那么远去主持拍卖会，而现场拍卖环节却只有一件拍品，且在接下来的“叫牌出价”环节人们又都会使用手持设备进行捐款。这些开场白正是我想要听到的。我建议他们在“叫牌出价”环节放弃单纯的数字化的方式，而是回归到传统的方式上来。我请求他们让我使用我已经用了十年的方式——现场捐赠——来进行拍卖。我们来来回回地讨论人们是否愿意去做这样的尝试，因为此前并没有人激励观众使用这种方式，最后他们同意让我试一试。但“引爆点”团队办事的高明之处在于，尽管他们愿意让我使用传统的方式进行“叫牌出价”环节，但与此同时，他们也努力找到了一种新型的技术，仍然可以实现让竞拍者即时叫价。因此，当客人进入活动现场时，他们收到的不是一台只让人低着头向下看的设备，而是一个戴在手腕上的手环，当他们想出价时，他们可以高高地将其举起。一名志愿者将用他们的设备触碰一下竞拍者的手环，瞧，在进门时做过登记的竞拍者们的钱现在少了很多，而“引爆点”的钱则多了很多。

拍卖的那天晚上，我虽然感到很紧张，但是始终保持面不改色。一个人作为一个领导者，他有一半的责任是要投入某个计划，并坚持到底。我感觉他们的团队有点紧张，尤其是当他们考虑到自己的组织每年在“叫牌出价”环节筹集的资金数目大到令人难以置信时，就更是如此。但是，由于他们享有一定的信誉，当我走上舞台的时候，观众们都对我抱着支持的态度。

在现场拍卖之前的环节里，“引爆点”的一位客户谈了她是如何从该组织的工作中受益的。她讲述了一个痛苦的人生故事，她的母亲把她带离学校，让她在街上乞讨——这种对细节的描述让这个故事听起来更有说服力。她提到自己踉踉跄跄地挨家挨户乞讨，后来最终被一对夫妇收养，这对夫妇铸就了她的成功。当我在后台等待时，她演讲的一部分内容让我流下了眼泪。她讲到她要搬去和养父母同住，他们期望她举止得体，在学校认真学习，尊重她所居住的房子。她只是简单地说：“当人们期望你做某事时，你要坚持到底。”此时我运用了之前提到的第三个经验：模仿你听到的别人使用的语言。当我走上舞台进行“叫牌出价”环节时，我立刻用上了那位女生在演讲中引起我注意的那个词——期望。“我期望你们能帮我筹到在这个环节我所期望的捐赠数额。”当时有 1 300 名观众，他们举手的速度比我计数的速度快多了。人们热情高涨，互相为对方加油，“引爆点”不仅筹到了他们想要的资金数额，而且超额完成了目标。“引爆点”拥有慈善拍卖界最热情、最投入的观众群之一，能够帮助他们筹集他们所需的资金，继续完成他们终结旧金山湾区贫困的使命，这是一种多么大的荣幸啊。

拍卖结束后，有一些人设法找到了我，开始问我有关拍卖工作的问题。他们想知道，我是如何做到从观众中筹到这么多钱的等问题。其中一个让我印象深刻的问题是：“我们要怎么做才能把你在‘叫牌出价’环节的做法写成一种算法呢？”很多东西都可以被平板电脑或智能手机取代，但是在销售方面，你无法取代人与人之间的联系。然而，与此同时，随着世界的不断发展，你必须与它一起发展，并找到融合技术的途径来提高你的销售能力。

最强大的女人是会不断进化和创新的，这样她才能跟上我们这个快速变化的世界。保持灵活性并接受变化，这是领导者的职责。这并不意味着你不能将这种人际关系融入你今天所处的被科技填满的生活。在这个不断变化的世界里，想方设法利用技术来增强销售能力是很重要的，但是永远不要忘记是什么让它变得有影响力——是你。

她们的现在就是你的将来

——如何在生活中实现发展和创新

米纳·哈里斯

"非凡女性运动"（Phenomenal Woman Campaign）创始人

关注你当前做的事情，让自己投入其中，就好像这是世界上唯一重要的事情一样。如果你能创造性地思考，大胆地行动，并且非常努力地工作，你就很有可能获得成功。去年，当我发起"非凡女性运动"时，它本是一个小型的活动：一个为期一个月的数字化活动的辅助项目。如今，也就是一年半之后，我们的网络受众数量超过了 2.86 亿，而且我们仍然在不断壮大。起初，我并不是要发起一场运动，我的计划一直是回到我在科技领域或律师事务所的日常工作中。但是一旦你开始行动了，问题就变成了我们如何才能做得更多——如何才能不断壮大，接触新朋友，产生更大的影响。

这从来就不是一件容易的事，你没法儿保证你的努力会产生什么结果。有时你会失败，或者你执行的想法并不是最好的，或者你发现在每前进一步的同时，都后退了两步。但是，只要你保有自己的热情，并从自己的错误中吸取教训，那么，正如伟大的多洛雷斯·韦尔塔说过的那样："每一刻都是可以用来建立组织的机会，每个人都是潜在的活动家，每分钟都是改变世界的机会。"

卡伦·斯潘塞

国际儿童基金会（Whole Child International）创始人兼 CEO

作为一名致力于改变弱势儿童关爱系统的社会企业家，创新、联系和发展是我最关心的问题。实际上，我首先把自己定义为一名革新者。我认识到，要成为一名成功的革新者，最重要的条件之一就是接受那些不可避免的失败。在任何领域，导致创新失败的都是你太着迷于自己的想法。这就要求你对自己的愿景有足够的信心：你可以与包括你的团队、合作伙伴和资助者在内的各个层面的人建立联系，从而得到你需要的东西。与此同时，我们必须保持灵活性和开放性，以发现我们的思维中存在的缺陷。伟大的发现可能就来源于此。我们需要坚定且有决心，也需要开放和灵活。总而言之，我们的力量在于我们相信自己的想法，并有能力创造能够推动我们的想法向前发展的解决方案。当我们的努力不可避免地出现失败时，要将所有的点连接起来，重新组合，然后重新开始，这就是自我进化的过程。

最强大的女人

会　　　　　●●●●●●

10

培养成熟的处事方式

如果你对美国南方女人有所了解，你就会知道她们善于说俏皮话。而且，她们话里话外会有很多层的俏皮话，这些话会让你晕头转向。我的祖母也不例外。她是一个典型的美国南方美女，开一辆凯迪拉克轿车，除非她的某个儿子走到车旁为她打开车门，要不然她是不会下车的；她每周至少去 3 次美容院，以确保自己的形象完美无瑕。她可是说俏皮话的高手，眉毛一挑、眼睛一眨，俏皮话就出来了。每当她听到她的子女或孙辈用尖锐的嗓音说话时，她就会会意地微微一笑，说："如果用蜂蜜，你就能抓住更多的蜜蜂。"[①] 如果说我的祖母在用蜂蜜抓住蜜蜂方面获得了硕士学位，那么我可以说，我的母亲已经获得了博士学位。作为一个小孩子，我经常能看

① 原句为 you catch more bees with honey，这句话暗含的意思是，你可以用更中听的说话方式获得人心。——译者注

到两代女性的魅力攻势，直到今天，她们也没能争出高下。

当我还是个孩子的时候，我那具有典型南方女人特征的祖母向我传授的经验看起来似乎陈腐而愚蠢，但在我的一生中，无论是在生活中还是在工作中，这些经验都给了我很大的帮助。我的祖母喜欢将自己打扮得漂亮至极，拿一个手包，再配上一双合适的鞋子。我的母亲来自英国，但是她在美国南方生活的时间比在英国待的时间还长，我就是在这样一个充满了南方风情的环境中成长起来的，我也在这之中总结出了一些能够帮助你成为最强大的女人的经验。

养成写感谢信的习惯

在家里度过了激动人心的圣诞节（拆礼物，享用一堆堆的美味食品和糖果，吃饱后小憩一下）之后，接下来的一天，我们总会安排一项令人恐惧的惯例活动：我们不得不给所有送圣诞礼物的亲戚写感谢信。我们家有一个来自英国的母亲和一个来自美国南方的父亲，我和我的兄弟姐妹根本没法儿逃避这个传统。满腹牢骚之余，我们四个人还是会坐在餐桌前，硬着头皮写感谢信，我们写的字越来越大，这样可以尽快填满卡片。不可避免地，我们的母亲会进来提醒我们，每页要写 5 个以上的词，对这一要求，我们会哼哼唧唧地表示抗议，直到她再次进来提醒我们，我们才开始用正常大小的字写感谢信。

多年来，我只是迫于现实才不得不写感谢信，但是随着我的成长，我喜欢上写感谢信了。我有几个很要好的朋友，他们至今仍然会坚持写一封封异常精彩的感谢信。即使是在人们都喜欢发短信或电子邮件表示感谢的今天，当我在我家信箱里那一堆用白色信封装着的信件中看到一个漂亮的彩色信封时，我仍然满怀欣喜。当你打开一张卡片或一封简短的信时，里面的内容是某个人在百忙中抽时间特意坐下来写的，写信人因为和你在一块儿相处的时光或者与你共进晚餐而对你表示感谢，甚至只是因为和你打过招呼而写信给你，看到这些你总会有所触动。

这些年来，我意识到，虽然很多人都忘了写感谢信的艺术，但是如果你能写一封感情真挚的感谢信，人们肯定不会忘记你。在我二十多岁的时候，在写“谢谢你做了……”之余，我会花点儿时间再多写一些话，附带一两行关于我自己正在做什么的语句。我丈夫那边的朋友们至今还会偶尔提起我在婚礼后寄给他们的感谢信。我会花一点儿时间想一想每一个人，我是如何认识他们的，以及我能说些什么和我们生活相关的可能比较有趣的话。我的准妈妈派对也是如此。现在我也会让我的孩子们给送他们生日礼物的人写感谢信。你可能想知道，写一封感谢信与成为最强大的女人有什么关系。我要告诉你，作为一名经理，如果有人在面试后没有发给我一封感谢信，那么我是决不会聘用他进入我的团队的。我乐意接受他们通过电子邮件发给我感谢信，但是我更喜欢收到手写的感谢信。

当我在 26 岁成为佳士得美洲区的特殊项目部负责人时，我知道很多高层领导都很好奇，想知道我是否有能力带领一个只有 3 个人的团队，管理一个每年要举办500场活动的部门。有一件事是肯定的：我见过很多让我在看了之后不想再当团队领导者的例子。我当过实习生、协调员和部门经理，我见到过外部活动策划者、内部同事、客户等各种角色，但是我没兴趣扮演这些角色。办活动可能会很有压力，因为你要在一个截止日期前完成每件事情。我目睹过一个特别理性的人，在一场大型活动之前的几天或者几个小时里，变得心烦意乱、神经紧张、易激动、粗鲁或固执己见。这一切情绪会从一个人的各个部位流露。如果一个团队的领导都无法保持冷静，那么每个为他工作的人都会变得跟他一样。我不仅自己无意于面露惶恐，也不希望我的团队成员在其他人面前表现得紧张不安。

我发现自己在早些年间雇用了一些南方女性。要准确地说出前来面试的那些女性的特点并不难，她们的口音，优雅、专业而又随和的态度，以及无论客户的财富或地位如何她们都能与其完美合作的能力都令人着迷。我发现，雇用南方女性加入我的团队会带来意想不到的好处：她们与要求严苛的客户打交道的方式，在遇到需要小心处理的问题时表现的和蔼可亲的态度，以及她们都会在印有字母的信纸上写感谢信的习惯。南方人的一个特点就是由他们名字的首字母组合而成的图案会出现在他们拥有的每一样东西上，尤其是办公用品上。

我接手这个部门后不久，我的一个大学朋友打电话给我，问我能不能见见他的小姨子，帮她在佳士得的暑期实习项目中争取一个名额，我答应了。在佳士得开始实习后，她会偶尔过来拜访我。实习结束后，我们约好一起吃午饭。在午餐过程中，很明显能看出，她很聪明，也很有冲劲儿。当我们快吃完饭时，她突然冒出一句俏皮话，她说的是她在佳士得观察到的某件事，这件事表明，她身上具有比简历中写的更多的品质。没有什么比一句机智的俏皮话更能赢得我的心的了。我是怎么说南方人的来着？他们会说富有层次感的俏皮话。晚饭结束时，她告诉我那一年她会再回去上大学，但是她向我请求说，如果我们部门有岗位，要想着给她一个机会。

在我们约定好保持联系之后，她回到了大学，我也回到了工作岗位，心想着第二年毕业典礼前后我大概会收到她的来信，并有希望帮助她在佳士得找到一份工作。然而，在这一年里，她有时间就会用有花押字的信纸给我写信，表明她在毕业后打算加入我们团队的意愿。我会阅读她寄给我的信，把信放在我的桌子上放几天，以提醒自己给她发邮件，告诉她我们目前没有任何空缺职位，然后把信和其他的文件一起放到我的抽屉里。她寄来的信件慢慢地在我的抽屉里堆成了一小摞。尽管我相信我们部门不会有工作岗位，但是她能从大学生活中抽出时间坐下来手写一封信给我，这令我印象深刻。我欣赏她的细致入微，也欣赏她能够清楚地表达自己的意图。在临近大学毕业的时候，她给我写了最后一封信，提醒我她即将毕业，并再次提到她想加入我们的团队。我把信放在了桌子上，提醒自己要跟她保持联系，并给她介绍了几个朋友让她去联系。

然后，有趣的事情发生了。第二天早上，我团队里的一个像摇滚明星一样重要的成员要求和我单独会面。这并没有什么不寻常的，总有一些事情需要在大办公室以外、别人听不到的地方面对面地说。说真的，当时我什么也没想，甚至当她脸上稍微带着恐惧的表情走进来时，我也什么都没想。那时我处于职业生涯的早期（非常早），以至于我根本不知道那种表情是什么意思。但是现在，只要在大厦里面绕几圈，从一英里外我就能看出来谁脸上有这种表情。那表情是在说："我要离开公司了，但是我不敢告诉你，所以我希望你能猜出我要说什么，这样我就不必自己说出来了。"她走进我的办公室。谈话一开始，她谈到了她即将举行婚礼，以及她和丈夫共同决定，为了她丈夫的工作，他们要搬到印第安纳波利斯去。这是那种你绝对不想从团队里业绩很好的成员那儿听到的消息。在给了她一个拥抱，告诉她我多么真心地祝福他们之后，我坐回办公桌前，在转椅上坐着，不停地转动椅子。试图替换掉团队里的一个可靠的成员并不是一件有趣的事情，单单训练一个新人所花的时间就足以让任何人都感到绝望了。

在接下来的一个星期，我坐在办公桌前，浏览着可能的候选人名单，心想着现在喝杯酒是不是太早了。就在这个时候，我的眼睛向下一扫，扫到了在我办公桌最上面放着的有花押字的信——她在这一年里很多次寄来的用近乎完美的字迹写下的信，就在那里放着。她想在我们部门找一份工作。你猜怎么着？我正在找一个人来填补这个部门的空缺。她的毕业时间正好和我团队里那个成员的离职时间吻合。我需要给目前在基础岗位工作的那个女同事升职，而这个刚刚毕业的前实习生则是加入这个团队的最佳人选。那天早上，我给她发了邮件，她立刻回复了我。在几次电话面试后，她搬到了纽约，开始在佳士得的特殊项目部工作，并在我创建战略伙伴关系这个部门后接替了我在特殊项目部的岗位。当你在管理一个与世界上最富有和最有影响力的人打交道的团队时，你要确保那些在外面代表着你的公司和部门的人举止礼貌而得体。

我的母亲总是告诉我不要空着手去参加聚会。她的理由很简单："如果你带着礼物去别人家，感谢他们邀请你共进晚餐，会有人因此而不高兴吗？"类似地，如果你给别人写了一封感谢信，感谢他们在百忙之中抽出时间来见你，有人会因此而不高兴吗？不会的。花点儿时间，停下来，对别人能给你的最好的礼物——他们的时间——表示感谢。这是一个很简单的行为，但是有时候正是这些简单的行为可以帮助你实现你人生中最大的目标。

注重仪表，没有商量的余地

成长在南方，尤其是在我家，盛装打扮和星期天去教堂一样重要。我说的"重要"是指，没有商量的余地。我的父母好像总是会在盛装打扮后再出去吃晚饭或参加聚会，而我的祖母则会穿裙子、烫发、喷香水，要把一切准备就绪，我从来没见过她有别的打扮。当我还是个孩子的时候，我会花好几个小时从我床尾玩化妆游戏的箱子里翻衣服，穿着超大号的派对礼服到处晃悠，从我母亲的衣橱里偷拿高跟鞋穿。每当我的朋友来家里玩儿的时候，我就从我母亲的化妆包里“借”口红。虽然我在上小学时一直穿着校服，但是在塔夫脱中学和西沃恩南方大学的寄宿经历里，有一点让我很开心的是，这两所学校都有着装规定。男生要穿西装、打领结，女生则要穿短裙、连衣裙或者漂亮的裤子。当我告诉别人在我的大学里，人们都穿着正式去上课时，他们总是不相信地看着我，好像觉得我疯了一样。但是在西沃恩南方大学，这似乎是一件很自然的事情。如果人们可以穿裙子去看足球比赛，为什么不能穿裙子去上课呢？

进入职场后，不再有大学生手册这样的东西告诉我上班必须穿着正式。但是我对一个职业女性应该穿成什么样子有自己的看法。我会穿漂亮的连衣裙配围巾，或者穿短裙配帽子，并且穿着我认为我应该穿的衣服去上班。生活在纽约会让你觉得纽约有很多方面令人惊叹，但是我真正喜欢的事情之一是，你可以在城市街道上看到时尚风潮的演变。在图片分享软件照片墙出现之前，我只需要在每天早上步行去上班的路上看看行人，就能知道下一个时装季会流行什么。我在工作中同样如此。我在佳士得工作的时间越长，我对着装的要求就越高。这一开始体现在我对每个人的着装要求——套装和围巾上，但是艺术世界充满了创意，我们的客户是有钱花在时尚上的，所以我一直能接触到最顶端的时尚品位，同时我也买得起这个城市里不那么贵的地方卖的时尚服饰。

有些人可能会抱怨穿着正式的规定，而我是发自内心地想要盛装打扮。我不是为了别人而打扮，我是为了自己。我喜欢穿一套搭配协调的衣服，再配上互相很搭但又不是完全匹配的包包和鞋子。

每个人都喜欢我的品位吗？我不知道，我也不在乎。不过，虽然我并不在乎人们是否喜欢我特意为搭配服装挑选的包和鞋，但是就像我祖母会建议的那样，我确实想让他们知道，我之所以盛装打扮是因为我非常在意他们。

盛装打扮是我的盔甲。在要参加大型推销活动或重要会议的日子里，我穿的任何衣服都让我感觉自己像个百万富翁。被提升为佳士得项目部负责人的第一天，我就穿了一套黑色西装去上班。我不知道为什么自己会选择一套黑色的西装，但是我觉得这样的衣服有点儿像盔甲。穿着它让我觉得我可以承担这种需要被认真对待的更高一层的责任和要求。没有人告诉我要穿西装，也没有其他女性穿西装，但是我公司里的人在去上班时都着装正式，在这样的一家公司工作，我想让自己感觉自己是全公司最棒的——当我花时间打扮自己的时候，我就会有这种感觉。当我穿着正式地去某个场合时，我的态度会更加端正。我也从不担心自己会穿得过于正式，永远不会。我宁愿穿得太讲究也不愿穿得太寒酸。你可能听过这样一句话："为你想要的工作而打扮，而不是为你现有的工作而打扮。"我不同意这句话。无论你的工作地点是办公室，还是非营利组织的志愿者服务站，还是自己家，又或者是上述这些地方都有所涉及，你都应该为你毕生追求的东西而打扮。

几年前，我参加了一个和我有过一段时间合作的非营利组织的拍卖会。那次拍卖会的前一年，我穿着一件从朋友那里借来的时尚品牌"卡罗琳娜·埃莱拉"的漂亮裙子参加那个组织的拍卖会，我在舞台上走动时，那条裙子上的亮片在灯光下闪闪发光。这条裙子既简单又舒适，在那时候，它完美地掩盖了我第二次怀孕早期的身形。第二年，当我急急忙忙冲向活动地点时，我家里已经有了一个4个月大的婴儿。我那时形象不那么光彩照人，而是一个穿着一件拉链勉强拉过哺乳胸罩的小黑裙的女人。当我脱下外套时，一位年轻的活动组织者微笑着说："你去年穿了一件那么棒的礼服，我们正想知道你今年会穿什么呢。"当我把外套递给她时，从她的脸上我可以明显看出，她觉得这件低调的礼服有点儿令人失望。这可能是我最后一次在舞台上穿这种基础款的一点儿装饰都没有的黑色连衣裙了。我并不觉得她的话冒犯了我，我同意她说的话。但是我也给自己找到了借口，因为我家里有一个4个月大的孩子，所以我没有穿着还留有宝宝吐奶的奶渍的衣服上台就不错了，他们算幸运的了。

晚上，当我躺在我熟睡的孩子旁边时，我知道经过一整个白天的工作后，为了主持好拍卖，我必须得起来，化上精致的妆容，穿上晚礼服。穿上精美的服装或戴上一副超大的耳环就已经成功了一半。一旦我穿上一条漂亮的裙子，戴上一件超大号的首饰，再穿上一双高跟鞋，我的心情就立马好了起来。我感觉自己已经为战斗做好了准备——在这种情况下，舞台就是战场。我精心打扮是为了销售，是为了表演，是为了在舞台上光彩熠熠。我穿着我想穿的衣服，因为这让我成为那一刻我想成为的人，就像我回到家会穿睡衣，因为那是我做好了上床去睡觉的准备一样。不同的行业有不同的着装要求，但是永远不要害怕做那个率先比别人穿得讲究一点儿的人。最强大的女人是希望被人注意到的女人。为了所有正当的理由，你可以这么做。

停止抱怨，着手解决问题

如你所知，在你的生活或工作环境中会有人在遇到问题的时候总是来找你抱怨吗？就像我的南方朋友说的："停止抱怨，着手解决问题。"我和我的老板们关系一直都很好，20 年来一直是这样，而且还在继续。如果你问任何一个在佳士得主管过我的人对我的印象，他们都会告诉你同样的结果，说我是一个努力工作的员工，态度积极，善于与人相处。在我的整个职业生涯中，别人对我的工作表现一直都很认可。为什么？因为如果我遇到问题，我不会把它变成老板的问题。我要么解决这个问题，而且完全不跟老板提起；要么在找到他们并寻求他们的帮助之前想出解决问题的方法，而不是直接把问题推给他们。

我在佳士得管理过 9 支以上团队。想知道我最喜欢管理的是哪类人吗？我最喜欢管理的是有良好态度的人，他们会尽其所能不去挑起职场纷争，最重要的是，他们会寻求解决方案，而不是纠结于问题本身。你和在另一个部门工作的苏西处不来吗？说实话，这不关我的事。不要去挑起纷争，这样我就不用在处理全职工作的同时还要参与纷争。更何况，除此之外，我还有第二份工作。相信我，我和我的 3 个孩子之间就已经有很多纠纷需要处理了。

在我二十出头的时候，对于办公室的八卦，我也做不到“独善其身”。经过特别漫长的一天后，在特别烦躁不安的情绪下，我也会向我的老板——当时项目部的负责人提起，我和这个女人有了矛盾；和那个女人吵了一架；听说这个女人做了某事，难道她不是最差劲的人吗？我的老板停顿了一下，看着我，然后和蔼地对我说：“我想，如果你在一天中和别人产生了一次纠纷，责任可能在任何一方，但如果你和他人产生了不止一次纠纷，那你可能应该反省反省自己。”

我一下子哽住了。我按照我老板给我的建议进行了彻底的自我检讨。事实上，很多纷争的产生都是我的原因。我就是那些在工作环境中制造纷争的人之一，并且不仅仅是制造，而且会参与激化矛盾。不仅是在办公室里，在生活中我也是这样。如果我听到了流言蜚语，我喜欢把它传出去，还故意添油加醋。这当然会让工作时间过得更快，而且第一个知道别人不知道的事情总是很有趣的。但是你知道这还有什么影响吗？这让我的内心感觉很糟糕。因为做一个伤人或刻薄的人从来都不会让人感觉好受。想想一天中有多少次你认为自己是“对”的那个人，而其他人是多么“不对”。你的态度和方法可能是问题的一部分。

下次，当你发现自己站在老板办公室的门外，准备滔滔不绝地对同事发表批评，或者抱怨你与客户之间遇到的某个问题时，请尝试一种不同的策略：转过身，走回你的办公桌，找出一个解决问题的方法，然后解决它。没有人喜欢控诉者或者发牢骚的人，但是每个人都喜欢能积极解决问题的人。

情绪稳定，不要让别人看到你的汗水

我要告诉你一个小秘密来引入这一部分内容，这个秘密是一件关于在世界领先的拍卖公司管理项目活动的事。当人们一边小口抿着香槟酒，一边盯着价值数百万美元的艺术品时，你会看到他们最迷人、最优雅的一面。但是你也会看到，当人们坐在一个艺术界的竞争对手的旁边，或者坐在一张他们认为并不是一等位置的桌子旁时，他们就会完全失去理智。拍卖活动会把完全冷静、理智的人变成疯狂、不理智的人。作为活动的负责人，你要独自面对这个完全混乱的场面。如果你像我一样，那你很快就会意识到你需要保持镇定和面无表情。如果作为整晚活动负责人的你都无力控制场面，那么就没有人能做到了。策划一场活动的实际情况是，虽然你花了几个月做计划，痛苦地推敲细节，但由于种种原因——比如活动取消、没有提前答复会参会的客人突然现身、食物出现问题、火警被触发等——这一切都可能在最后一刻被推翻。结果就是，你要时刻保持微笑，让每个人都相信一切都很好。

毫无疑问，我在美国南方长大的经历教会了我对任何问题都要面带微笑，不管那些问题有多么戏剧化。我一次又一次地认识到，当出现差错时，那对我来说将是一笔巨大的财富。这也是我作为一名拍卖师一次又一次所依赖的技能。我都不记得有多少次，当我在台上的时候，因为拍卖中间出现了问题，活动组织者跑上台来找我。当她大声地在我身边耳语时，我没有和她一起激动或生气，而是脸上带着大大的笑容，让观众以为我们只是在说一点儿小事。“之前那个拍品的竞拍者喝多了，想反悔出价”——观众不需要知道这些，我也不打算告诉他们。就像我祖母常说的，不管厨房里有多热也千万别让他们看到你出汗。

远离八卦，保持底线和原则

我坚信，如果你在生活中为人真诚，而不是诋毁他人，那么你的人生终将有更多的收获。如果你是一位会在你晋升到公司、家庭教师协会或社区的高层领导的过程中带领大家一起努力的领导者，那么在重要的时刻，大家都会支持你。虽然是水涨船高，但是你必须确保你与周围的船只都保持良好的关系，这样你们才能一起合作。正如我在这本书中多次提到的，我在这家公司已经工作了 20 年，我经历的艺术市场的扩张和收缩的次数多得我都记不清了，我对佳士得员工的任免也司空见惯。唯一不变的是，那些带着恐惧、流言蜚语或仇恨前进的人最终要么失去工作，要么离开。他们可能会在公司里坚持一段时间，但在我的公司里，有上述特点之一的人最终都没有留下来。

当我在 26 岁被提拔为项目部负责人时，为了快速投入纷繁复杂的新工作，我的人生曲线中有过一段很陡的学习曲线。这是一种奇怪的感觉：之前一直有个人在你的上面做所有的决定，有一天，那个人离开了，然后每个人都指望你来做最后的决定。当我是我所在部门的最新成员，并且希望自己能升职的时候，我没有意识到的是，我会假定我上司的工作很容易，因为如果我的上司是一个好上司，他会让我以为他的工作毫不费力。当高层管理人员问我是否对这个职位感兴趣，或者我是否认为他们应该从外部寻找合适人选的时候，我欣然接受了这个工作机会。我记得在我升职后不久的一次会议上，有人问我特殊项目部来年的计划是什么，我盯着笔记看，沉默了大约 15 秒后，业务开发部的主管看了我一眼，说："莉迪娅，这个问题是问你的。"我很快就意识到，无论好坏，这个问题都落在我头上了。没有人会在我前面帮我挡风遮雨。如果你能克服这个难题，这就是好事，但是如果出了问题，这就是坏事。在我这个例子中，我只是努力保持足够长时间镇定的表情，来弄清楚工作中我不明白的事，然后让每个人都相信我对我的工作很了解。

那时候，我手下只有一名团队成员，而且我刚刚聘用了另一名成员来填补空缺的经理兼协调员的职位。除了团队成员，我还有一个实习生。佳士得的实习生在我心中有特殊的地位，因为我的职业生涯就是从一名实习生开始的，所以我总是很愿意让这个实习生参加我们的活动，让她感受到她是我们团队的一员。我在新的岗位上工作了几个月后，有一次，我从去洛杉矶的短途旅行回来，飞机刚落地我就收到了我的实习生的语音留言。我总是把实习生当成团队的一员，而这个实习生特别老成，所以对于她给我打电话这件事我并不感到震惊。在语音留言中，她告诉我，她无意中听到我团队中的一名女性成员对公司里的某个人说，我不能胜任我的这个职位。

那个女人并没有完全说错，因为我们是朋友，所以我向她吐露过实情。但是我也知道，她这么做是为了削弱我的权威，大概是为了在我被解雇时接手我的工作。她的计划的唯一缺点是她的经验比我少。而且，她在发表这样的评论时不应该大敞着门，而我可靠的无薪实习生当时就坐在离她 5 英尺远的地方。我非常生气。我很清楚我对这份工作不是很了解，但是我学得很快，在短短的几个月里我就掌握了这份新工作的大部分内容。我约她第二天见面，花了整个晚上冷静下来，并试着想清楚我到底要对她说什么。

第二天，我平心静气地把我所听到的告诉了她，并给了她两个选择：第一，结为盟友，一起解决这个问题，同时互相支持，共同发展这个部门；第二，离开这个地方，我会找人代替她。她不仅选择和我结为盟友，而且在接下来的几年里，她成了我最忠诚的团队成员和最好的朋友之一。

对于最强大的的女人来说，即使她永远不会用“y'all”[①] 这个词，永远不知道如何做出好喝的秋葵汤，或者永远无法理解人们对 SEC 橄榄球赛[②] 的痴迷，但她知道，南方女性在谈判桌上有她们自己的一套任何人都可以使用的独特技能。不管你在哪里长大，你都可以随时借用这些经验。

---

① “y'all”是美国南方口语，意为“你们”。——译者注

② SEC 橄榄球赛，美国东南部橄榄球赛。——译者注

她们的现在就是你的将来

——她们的得体表现是如何影响她们的事业的

埃米莉·鲁宾费尔德

"卡罗琳娜·埃莱拉"董事长

永远不要低估一个穿着得体的女人的力量！我一直相信专业人士的优雅和精致的风格对职场女性非常重要。发展事业是一个循序渐进的过程——从一天到第二天，把每一天都当成重要的一天去做准备，把每一天都当成一个可以抓住的机会去打扮自己！我试着打扮得好像（我职业生涯中的）每一天都是一个特殊的场合，把自己想象成一个领导者。

我在女性时尚界愉快地工作了20年，现在，在我理想的工作中，我领导着一个时尚品牌，它的创始人是一个每天都穿着得体、成熟稳重的女人，她每天都过着无与伦比的完美生活。与偶像级人物——美国著名设计师卡罗琳娜·埃莱拉共事多年后，我可以说，她绝对是这种人生哲学的化身。为了成功，她每天将自己打扮得无可挑剔，她在其所到的每个房间都能吸引所有人的注意。所以我想说的是：你要用时尚和个人风格帮助你达到你想达到的目标！

凯瑟琳·埃尔南德斯－布莱兹

美国家庭人寿保险公司高级副总裁、首席品牌官和首席通信官

美国南方女性在魅力方面天赋异禀，而这一点常常会导致人们低估她们的能力。无论是在工作上还是在娱乐上，在魅力方面的天赋对美国南方女性来说总是一个优势。在我职业生涯的早期，我有18个月在担任路易斯安那州海鲜推广和营销委员会的执行董事一职，该委员会设在野生动植物和渔业部，这使我成为该部门重建以来州长任命的最年轻的人员。

当别人都忙着谈论我的鞋子，特别是不管是在水上飞机还是在汽船上，无论做什么我都会穿高跟鞋这件事时，似乎没有人注意到州议会把我这个部门的预算翻了一番（而其他部门的预算被削减了），或者是我为该州实现了20亿美元的产业创收等惊人成果。如果说你从这个故事能得到什么经验教训，那就是：与美国南方女子打交道时，最好不要把魅力和自满混为一谈，也不要把微笑和头脑简单混为一谈。而且你要记住，对于一个女强人来说，时尚和物质并不是互斥的。事实上，这是我们的营业执照。至少下一次，不要让我们穿的高跟鞋迷惑了你！

摩根·哈钦森

BURU[①] 创始人兼 CEO

通常情况下，如果你在卖东西，那么你也在买东西——也许是来自制造商的库存或者是让你的生意运作得更为高效的一项服务。最重要的是，如果你不分发“蜂蜜”，你可能就无法顺利达成你的目标。在服装行业，在“买东西”方面，我主要依靠我的生产商和样品制造商。在整个过程中，生活总会出现各种意外，这导致各个环节不断出现延期的情况。这算是问题吗？是的。大喊大叫有用吗？绝对没用。你可以这样试想一下，如果生产线被堆积的订单堵住了，谁更有可能解决前线的问题？是一个愤怒地咆哮着发号施令的人，还是一个“带着蜂蜜”的在工作完成后给全体员工提供一些刚出炉的饼干的人？要友善，要坚强，要记得给别人发饼干。（蘸一蘸蜂蜜也无妨……）

① BURU 是一个服装品牌，主要为处于怀孕、生产的每个阶段的孕产妇设计各类款式的服装。——编者注

最强大的女人

会 ●●●●●●

让别人在背后夸你

当我还是个小女孩的时候，我就有夸大事实的嗜好。我要提醒你的是，并不是只有我一个人这么做，但是在家里的时候，我时不时地就会说一些无伤大雅的谎言。我的父母总能识破我撒的“小谎”，就像他们说的那样，他们总是会因此把我叫出去让我改正这个习惯。毫无疑问，对我最坏的惩罚就是，我不得不向我的朋友们坦白，我之前跟他们说的某件事是我凭空编造的。

在中学时期，我说的最离谱的谎言却有一个不错的结局。事实上，这个谎言是如此美好，以至于它几乎持续了一整个学年。我不知道这个谎言从何而来，但是我们班的每个人都认为我和青少年网球高手珍妮弗·卡普里亚蒂①是最好的朋友。作为一名青少年，珍

① 珍妮弗·卡普里亚蒂（Jennifer Capriati），美国前职业女子网球选手，单打最高世界排名第一，三届大满贯单打冠军，1992 年巴塞罗那奥运会网球女子单打金牌得主，国际网球名人堂入选者。——编者注

妮弗·卡普里亚蒂引起了全美国人的关注。在她赢得了一场又一场的联赛后，我挨个儿告诉我的同学我和她是最好的朋友，也是笔友。我告诉我的朋友们，每场比赛后，她都会给我写一封很长的信，我还会想出一些有趣的花絮来证明我们是好朋友。每一次重大比赛之后，到周一我的朋友们来学校的时候，他们都会带着一系列的问题问我，他们认为我会和我的笔友沟通。我不知道为什么我决定开始说这个谎言，我不知道它是从哪里来的，也不知道为什么我对和一个素未谋面的人之间的友谊有如此强烈的感受，但这就是我的故事，并且我将这个故事一直编了下去。随着时间的流逝，要维持这个谎言不被识破变得越来越困难，我为此煞费苦心。在这个特别的谎言持续了大约一年的时候，我的母亲无意中听到我对来我家住的朋友们说，我收到了我最好的朋友珍妮弗的来信。我母亲根本没给我机会恳求她并且发誓再也不撒谎了，而是直接严厉地批评了我，并告诉我："你应该去告诉你的朋友，这件事不是真的。"我敢肯定如果我不那么做，后果就是我要被禁足，所以我能做的只有一件事——澄清。

当时我想死的心都有了。真的。在中学里，"酷"和"不酷"之间的界限似乎很模糊。让我跟我的朋友们承认，我在一件让自己看起来很酷的事情上撒了谎，就会击碎可以让我保持"很酷"的一切可能。我现在真的不得不这么做了吗？糟透了。尽管在和母亲谈话后到周一早上上课铃响之前的这段时间，我不停地祈祷自己可以不上学，但是我既没有被绑架，也没有遭遇需要紧急做手术和长时间住院的事故。那个周一，我走进教室，告诉我的朋友们，我其实并不认识珍妮弗·卡普里亚蒂，对于我们之间的友谊，我其实一直在撒谎。值得赞扬的是，他们并没有让我当场下不来台，但是在接下来的几年里，直到我离开那所学校去了寄宿学校，我觉得好像他们对我以前说的那些夸大其词的故事，都持某种程度的怀疑态度，而那些故事在此前从未被质疑过。感谢上帝，我的寄宿学校在康涅狄格州，所以我能够把那个谎言远远地抛开。

不要说谎

一个人很难重获别人的信任，我是通过惨痛的经历才明白这一点的。

当你在推销任何东西时，无论是推销你的愿景、你的公司，还是在工作面试中推销你自己，人们需要相信你告诉他们的事是真实的。作为一名推销员，你也需要向别人确保事实确实如你所说。凡事总有例外，但是为了能让自己获得在任何人面前都可以引以为傲的声誉，不管什么时候，你都要以事实为导向。正如我在本书前几章中所讨论的，销售的关键是能够有效地传达你的愿景——在很大程度上就是去做自我推销。如果你的工作做得很好，人们就会相信你在你所销售的产品方面是权威，因为他们相信你处在最高的位置。作为权威型的人物，你能做的最重要的事情就是说实话。

我为世界上的一些顶级时尚品牌做过销售培训，这些品牌的名字代表了金钱所能买到的最高端的奢侈品，比如阿玛尼和芬迪。这些品牌的衣服和配饰可以卖到几千美元，他们的高端产品甚至可以卖到几万美元。我一次又一次地告诉他们的高级销售人员的一件事是，销售时要诚实。当我和这些销售团队一起做销售时，我要求他们设想这种场景：假设你做销售可以拿提成（意思是你在商店里卖出东西就可以得到现金），很自然，不管结果如何，你都有动力去销售，对吧？是否有动力取决于你的最终目标是什么。如果你做销售是想拿提成，那我就假设你的最终目标是钱。假设此时一位银行账户上有很多钱的女性大客户进店了，而且她立刻被一件用羽毛做成的超大号外套吸引住了，这件外套价值不菲，要几千美元。你的工资是靠拿提成的，所以你考虑的自然是如何提高你的提成。当那个女人穿着这件外套走出来时，她看起来就像一只巨大的母鸡，尽管你知道她穿这件衣服看起来很糟糕，但是你可能仍然会施展自己的魅力，鼓励她去买这件外套。因为你是本年度的销售冠军，她听了你的话，把那件被打包好并系上蝴蝶结的大衣买下带走了。你拿着你的提成，开始在 Net-a-Porter 上购买衣服，很有可能还会剩下一部分钱。客户买到了她喜欢的外套，你得到了提成，每个人都很高兴，故事结束了。真的是这样吗？

这种情况下的问题是，你考虑的只是眼下的这一笔生意，而没有考虑到一个很富有的女人的潜在购买力——这个女人还没有找到最适合她身材的那类衣服呢。当你在网上购物的时候，你那位富有的客户回到家见到了她的丈夫，或者和一个朋友出去吃饭，他们可能会告诉她你没有说出来的话——这件外套很丑，买它完全是在浪费钱。你这位有钱的新客户这次浪费钱了，那么她以后再也不会在你这里浪费钱了。她可能也会告诉她身边的几个朋友不要找你买衣服。虽然你做了一笔好买卖，但是你本可以把一个客户变成终身客户的。如果你一开始就很诚实，让她买了一件虽然更便宜但是她穿着看起来更漂亮的衣服，她可能还会买一些其他的东西来搭配这件衣服，总的交易金额加起来可能比那件大衣还多。你不愿意告诉她真相，并不意味着她的生活中没有人愿意告诉她真相，而且最终肯定会有人告诉她，她穿那件衣服看起来像一只大鸟——这只是时间问题。下次当你想要推销一些和你大肆宣传的内容不符的东西时，你要记住上面算的这笔账。如果一个人对另一个人有很好的印象，那么他们会跟身边的某一个人提起这个人；如果他们有不好的经历，他们则可能会对 9 个人提起它。在销售行业，你的声誉决定你的成败。永远不要做那些会危及你的声誉的事情。

以我个人的亲身体会，我可以告诉你，买到的东西并没有别人吹嘘的那么好是一种什么样的感觉。有一个非常有才华的女人卖给了我一个去位于伯克郡的一栋很漂亮的房子进行为期 4 天的休假的机会。她是这样一类销售人员，即在她上台之前，人们在谈起她时都会说："你如果想要钱包里还有钱，今晚就不要参加这场拍卖会。"她在主持拍卖会时也会做这个招牌动作——在开始拍卖之前猛敲几次拍卖槌。

你可能猜出她是谁了。

就是我自己。

我太擅长推销了，以至于我卖给了自己一个为期4天的假期，去我从未去过的一个地方，在一个我从未见过的家庭的一栋我从未见过的房子里度假。

朋友，这是一个错误。我又获得了一个教训，并为此付出了沉重的代价。

声誉决定成败

当我刚开始主持拍卖的时候，我会在上台之前近乎疯狂地做准备，以确保自己对每一件拍品的描述都准确无误。我会和每一个非营利组织通话两到三次，再详细地过一遍拍品的细节。我还会花几个小时上网搜索关于拍品的资料，以便能对我所描述的东西有很好的理解和感知。大多数情况下，在上台之前我会花至少一个小时把所有的步骤演练一遍。我参加的拍卖会越多，我就越意识到有许多支持者会一年接一年地回来参加我主持的拍卖会。这样一来，如果人们的体验不是很好，或者并没有得到我在逐渐升温的竞拍中为了推动他们出高价而向他们承诺的东西，那我就会得到他们的反馈——或失望，或气愤。为了第二年的时候不让客户反感，我学会了如实描述这些拍品，我会确保自己对拍品不做过多的描述。我不希望最后的结果是让竞拍者失望或者让支持我的人愤怒，让他们觉得自己上当受骗了。这些客户之所以会在拍卖会上竞拍这些商品，有很大一部分原因是他们相信，如果某些东西是我推销给他们的，那他们获得的是佳士得这一品牌的保障。所以，他们相信只要是我推销的东西，那就一定是货真价实的。随着我对自己的销售技能越来越有信心，我不再需要在上台前给非营利组织打好几通电话，或者提前花几个小时在网上搜索拍品的资料了。我不像以前那么谨小慎微了，因为我知道，就算是主办方在我上台前的几秒钟临时添加几件拍品，我也能把它们卖出去。

6年前，在结束了一周的旅行后，我为一个刚成立不久的组织主持了一场活动。就在这场活动前一周，这个组织才举办了他们的首场现场拍卖活动。由于我的旅行计划耽搁了时间，在这场重要的活动之前，我们只进行了一次快速的电话沟通。当晚的拍卖开始前不久，我收到了他们的5件拍品的清单。当我在侧台等着上台时，活动组织者走了过来，递给我几件她想添加的拍卖品。我迅速地扫了一眼这些拍品，他们加进去的最后一件拍品是夏天在伯克郡的一栋房子里享受为期4天的假期。

这件拍品的介绍如下：一栋漂亮的、由校舍翻修成的、有历史意义的房子，里面有4间卧室，1间新装修的厨房；房子外有一条流水潺潺的小溪，如果天气够暖和，你可以在那里游泳。我丈夫的生日快到了，当时我心想，这应该是一个能给他带来惊喜的生日礼物。我还可以邀请我们的3对夫妻朋友同行，这样我们就可以在伯克郡的一栋漂亮的大房子里为我的丈夫庆祝生日了——房子旁边还有流水潺潺的小溪！即使天气很冷，我们也可以坐在我认为这个房子一定会有的壁炉前看奥运会。这绝对会非常完美。我记得我问过该组织有没有房子的照片——没有照片，但是因为当时我正要上台，所以没有时间在最后一刻去网上进行搜索。我一登上舞台就立即投入拍卖，拍卖进行得很快，没过多久就到最后一件拍品了。我介绍了这件拍品，热情地宣布自己是第一个竞拍者。全场沉默了一分钟后，另一个竞拍者举起了手，在我马上要计数时，他又不举手了。我一直等到明显没有其他人要竞拍的时候，才猛地敲下拍卖槌，在心里暗暗为自己以这么低的价格给我丈夫买了这么棒的礼物而与自己击掌庆贺。

镜头回到6月的一个下雨的星期五，我终于赶到了前面提到的伯克郡的那栋房子。我和我的朋友当时都怀有6个月的身孕了，且都是第一胎。我和我的这位朋友主动提出要早点开车去那里，以确保在其他朋友到来之前将一切准备就绪。在看到房子的那一刹那，她和我一样露出了惊恐的表情。我很快意识到，之所以没人出价竞拍这栋“位于伯克郡的美丽的四居室住宅”，是因为拍卖清单上对拍品的描述完全是假的，而且很显然观众们很熟悉这栋房子的赞助者。令人毛骨悚然的古董玩偶，到处弥漫的霉味，每张沙发和床给人的那种潮乎乎的感觉——这栋房子就像是为拍恐怖电影而建的。如果房子里有电话，我们很可能会打电话给另外6个人，让他们开车掉头回家。我们的朋友一个接一个地来了，我看着他们在想到不得不在这个房子里住哪怕只有一夜时，脸上的笑容是如何变成吃惊的绝望的。整个周末的大雨让情况变得更糟。当我们意识到房子里只有一台几乎没有任何信号的21英寸[1]电视时，我原来想到的看奥运会的希望也破灭了。我从来没有见过有谁会在星期天的早上像我们那样迅速地离开一栋房子。当谈到那个周末的时候，这个故事仍然让我们所有人笑到吐。

我吸取教训了——一个用最惨痛的代价得到的教训。我当着至今在晚餐聚会的时候还会提起这件事的一堆朋友的面栽了跟头。

我每年在慈善拍卖培训课上都会讲这个故事，以提醒那些慈善拍卖师候选人要在拍卖前对他们的拍品进行研究。当你推销一件拍品、一件产品或一个愿景时，你要记住说到做到。一旦你有了类似“一个为了销售产品任何话都敢说的人”的名声，那你的职业生涯在还没开始之前就已经失败了。在任何时候，当你想要通过撒谎来推销自己的产品时，你要停下来想一想这对你的职业生涯会有什么样的长期影响。记住，你的声誉就是一切，而最强大的女人是以她卓越的声誉而闻名的。

① 1英寸等于2.54厘米。——编者注

她们的现在就是你的将来

——信守诺言

尼娜·加西亚

《世界时装之苑》(*Elle*)总编，真人秀节目《天桥骄子》评委

在时尚界，很多交易都是非正式的。与老朋友通个电话，与新同事喝杯咖啡，或与其他行业里的领军人物共进午餐，在这些场合，你都可以做出承诺或和对方达成协议。虽然这样的谈话可能看起来太随意了，我不能强制人们去履行这种口头承诺的义务，但是我明白，在任何交易中信守自己的诺言，才能建立牢固而持久的关系。这种逻辑反过来也成立——我从不做自己明知道不能兑现的承诺。告诉潜在的商业伙伴他们想要听到的东西可能很有诱惑力，但是对别人期望的事保持坦率才是维护自己的诚信和信誉的关键。

琳达·格雷罗

网飞公司[①] 拉丁美洲宣传部总监

生活就是不断地进行一系列的协商和妥协，对女人来说尤其如此。我们需要协调我们的工作、家庭，以及我们曾对自己做出的承诺。在娱乐业工作的女性尤其不易，因为很多协议都是在毫无预兆的情况下被偶然达成、打破或更改的。在这个行业里，声誉就是一切，它能打开（或关闭）职场大门。

尽管我很渴望告诉人们他们此刻最想听到的话，但是从长远来看，为了保持良好的关系，诚实最重要。在我向别人许诺之前，我会花一点儿时间来考虑我能做什么和我愿意做什么。记住，无论是在生意上还是在私下，总有协商的余地。

---

① 网飞公司（Netflix）是美国的一家为世界多国提供网络视频点播服务的公司，并同时在美国经营定制 DVD（数字通用光盘）、蓝光光碟在线出租业务。——编者注

最强大的女人

会　　●●●●●●

12

聚集能量

当我在佳士得项目部工作时，我负责招待包括从华伦天奴[①]到克林顿总统在内的所有人。当我们在活动后喝庆功酒时，我的朋友们一开始总是表现得很冷静，但是几杯酒下肚后你就会看到，他们开始连珠炮似的问我问题：他长得什么样？他这个人待人友好吗？他高吗？她穿的是什么？她真的有口音吗？他们吃了什么？他们喝了什么？在某些情况下，我不得不结束这些问题，因为我意识到，其实这些让我的朋友们着迷的人，基本上都是和你我一样的人。确实，他们可能会在四季酒店[②]的酒吧里喝着唐·佩里侬香槟王[③]，

---

① 卓凡尼·华伦天奴（Giovanni Valentino），著名时装设计师，世界顶级品牌“华伦天奴”创始家族的第三代继承人。——编者注

② 四季酒店（Four Seasons Hotel）是一家国际性奢华酒店管理集团，总部设于加拿大多伦多，如今已在近 40 个国家拥有超过 90 家豪华酒店及度假酒店。——编者注

③ 唐·佩里侬香槟王（Dom Pérignon），即唐·佩里侬干型香槟王，是法国顶级香槟，以稀有和极高的品质闻名。——编者注

而我则正前往市中心的一个甚至菜单上都没有香槟的廉价酒吧去见我的朋友，但是我越与那些我觉得可能会吓到我的人交谈，我就越意识到我和他们交谈实际上与和我的朋友们交谈是一样的——我指的是我的那些更有钱的、用更好的化妆品的、做了更贵的发型设计的、穿更好的衣服的朋友。

当我二十多岁刚开始在佳士得特殊项目部工作时，我就经历过很多个让人感觉“这是真的吗？”的夜晚：在波诺[①]将自己的画作捐赠给慈善拍卖会之后，我在我们的会议室里与波诺和他的妻子闲聊了一整晚；一天晚上，我陪同瑞茜·威瑟斯彭（美国著名影视演员、制作人）去一栋大楼参加了一场鸡尾酒会；莱昂纳多·迪卡普里奥在佳士得拍卖行举办了一场拍卖会，我的工作就是确保摄影师拍下他参加活动的照片。在每一个这样的时刻，我都是一个超级粉丝——我几乎不会说话了，他们跟我说话的时候我满脸通红，我当时做事也不像平时那般机灵了。这些杰出人物对我来说好像身处一个不同的世界，就像我们公司的 CEO 一样遥不可及。当然，他们能看穿我，知道我的小黑裙不是古驰牌的。我的高跟鞋呢？也不是真正的香奈儿牌的，这是我上个周末和一个朋友在去吃早午餐的路上，在名品折扣网站 Loehmann’s 上挑的。我从杂志上得知，这些人住在高耸入云的大厦高层的价值百万美元的豪宅里，而虽然我住的公寓楼大厦也高耸入云，但是我走五层楼梯就到家了。然而，随

① 波诺（Bono），即保罗·大卫·休森，著名摇滚乐团 U2 的主唱兼旋律吉他手。——编者注

着我的职业生涯的不断延展，我开始意识到，驱使每一个人前进的动力，与驱使所有在事业上取得很高成就的人的动力是一样的。他们找到了自己喜欢做的事情、擅长做的事情，并通过多年的实践磨炼自己的技能，直到成为所在领域的佼佼者。他们也经历了和你我一样的考验和磨难——只不过是在世界这个大舞台上。

15年后，在我花了多年时间练习和完善我的慈善拍卖技能之后，我成为制订每个人都必须遵守的规则的那个人。通常情况下，当一位名人同意担任某个组织的代言人时，为了提高竞拍价格，他们会和我一起登上拍卖舞台。莉迪娅是拍卖师——不错！莉迪娅和蕾哈娜搭档——简直不可思议！但是和名人同台，只有在我们共同为提高竞价而努力的时候才是好事。我合作过的许多名人都是电影明星，他们很讨厌待在一个没有剧本的环境里，所以他们在拍卖的时候往往会站在一边，就好像他们根本不在舞台上一样。而像塞斯·梅耶斯[①]这样的名人在进入拍卖师的角色时则一点儿问题也没有。事实上，我们一起参加了太多次拍卖会，以至于我称他为我的“初级拍卖师实习生”。没错，深夜脱口秀主持人塞斯·梅耶斯可以接受我称他为“初级拍卖师实习生”。让他处于居于人下的位置，他会做何感想呢？他不仅不介意，当我们最后一次一起拍卖，我在舞台另外一头推销一件拍品时，还拿起我的拍卖槌，替我敲了下去，并声情并茂地说：“莉迪娅，我觉得那件拍品已经完成竞拍了。”

① 塞斯·梅耶斯（Seth Meyers），美国著名喜剧演员、编剧、制片人、主持人、配音演员。——编者注

大多数时候，我都会有一位名人作为搭档。我发现当我在后台的时候，在拍卖开始前的几分钟，像休·杰克曼（澳大利亚著名电影演员）这样举世闻名的名人，突然会像我的那些在廉价酒吧里喝多了的朋友那样，问我一堆关于即将开始的拍卖会的问题：我一会儿上台要说些什么？如果没人出价我该怎么办？我应该讲个笑话还是严肃点儿？你以前这样做过吗？你是怎么能一直做得这么好的？你不紧张吗？从布鲁斯·斯普林斯汀到罗伯特·德尼罗（美国著名演员、导演），到格伦·克洛斯（美国著名演员、歌手、制片人），再到乌比·戈德堡（美国著名演员），我都合作过。我当然很紧张，但是我是拍卖会上最强大的女人，所以我要战胜这些紧张情绪，震撼整个舞台。

成为某个领域的专家

在这些拍卖会上，观众里面有行业巨头、穿着最考究的上流社会人士、各界杰出人物和名人。我可以肯定地告诉你，尽管这些人可能知道他们有较高的权力或很有名，但是他们看待自己的方式和你看待自己的方式没有任何不同。

如果有人通过努力在他们的行业内取得了一定程度的成功，不管是成为公司的 CEO、部门的领导，还是他们领域里的顶尖人物，他们都值得你的尊重。但是，如果你是最强大的女人，你需要记住，你要对自己和自己的知识有信心，这样才能让别人认为你有能力。当我在林肯中心的后台与休·杰克曼一起准备一场拍卖会时，因为我是我所在领域的专家，所以我掌控着我们之间的对话。我之所以是这个领域的专家，是因为我在这一领域已经投入了成千上万个小时来确保我的表现达到尽可能最高的水平。

我相信读到这里你一定在想："这个人说得好像我将来会和休·杰克曼或塞斯·梅耶斯同台演出一样。"如果在大概 20 年前你问我，我在我的人生中是否会与那些人同台，我的回答很可能是不会。但是这个答案可能只是我用来回答你的问题的，在我心里，我一直认为答案是肯定的。从我很小的时候起，我就一直在规划通往顶峰的道路。我不知道我的人生之路会通向何方，但是我知道，即使是在路易斯安那州的一个小镇上长大，我也可以有伟大的梦想，在实现这些梦想之前，我不会停止前进。一旦你找到了自己的心声和自信心去尝试任何事情，那么你永远不知道你的人生会达到什么样的高度。投入时间去做，你就会从你的同事和你崇拜的人那里得到尊重，因为他们会在你的身上看到他们自己。

大约 10 年前，我应邀参加了曼哈顿一所著名私立学校举办的一场拍卖会。对于不住在纽约的人来说，这可能令你感觉有点奇怪，然而，事实上，这座城市的许多学校都会举行一年一度的慈善募捐活动。这在你们那里大概不是经常性的活动。这些学校会使出浑身解数，租用市内顶级的活动场地，汇集精心设计的主题，集中展示真正独一无二的拍品。少数拍品是班级创造的课堂艺术项目（我曾将其卖到上千美元——是真的），更多的拍品是像在瑞士的一栋有 20 间屋子的滑雪木屋里住上一周，或者是乘私人飞机飞往某个学生家长拥有的岛屿去度假这样的机会。家长们会为了这个活动准备好几个月。通常情况下，人际关系最广的父母会负责搜集用于现场拍卖的拍品。由于有许多名人的孩子在曼哈顿的私立学校就读，所以不用说，我们通常会有某些从某个名人那儿搜集来的东西作为拍品。我拍卖过很多东西，从与本·斯蒂勒（美国著名演员、导演、制片人）一同坐在前排观看一场篮球赛的机会，到与麦当娜一起上舞蹈课的机会，再到与罗伯特·德尼罗共进午餐的机会，他们中的多数人也都会参与拍卖会，并坐在前排。这些拍品在学校的拍卖会上可以筹集到 2 万美元以上。学校通常会问这些名人是否愿意在拍卖期间给学校帮忙，所以最后我就会和汤姆·克里奇诺（Tom Colicchio）或马克·墨菲（Marc Murphy）这样的顶级厨师一同在台上解释他们愿意为竞拍者提供什么样的服务，然后帮助我提高竞价。每次和这样的名人一起上台，我就会提醒自己，其实明星和我们一样。

虽然我一直在告诉你们，人和人之间在本质上并没有什么不同，但是在我接到学校委员会的一个令我异常激动的电话，电话告诉我一个学生的家长——马特·达蒙（美国著名演员）已经同意在即将到来的拍卖会上上台之后，我还是会感到紧张。是的。我将和“杰森·伯恩”[①] 一起上台。

① 杰森·伯恩是马特·达蒙在《谍影重重》中扮演的角色。——编者注

我有点儿紧张，因为这是我第一次和这个特殊的学校团体合作，然而，我也有一线希望。在过去的25年里，该校拍卖会的拍卖师一直由一位家长志愿者担任，所以他们对我寄予厚望，希望我能够把拍卖会主持得比以往更有生气。即使是最好的拍卖师，年复一年地为同一群观众主持拍卖，也会让观众感觉没有新鲜感，所以我相信对我来说这将是一个美好的夜晚。另外，我看过很多对马特·达蒙的采访，知道他很有幽默感，所以我觉得当他和我一起上台时，观众不仅会集中注意力，而且如果我们一起合作进行拍卖，观众可能会出更高的价。当学校委员会提到我可以和他一起上台时，我立即建议让他和我一起进行“叫牌出价”环节。我知道，经过一场漫长的现场拍卖后，通过他把拍卖活动变得焕然一新，一定会让观众感觉更有趣。至少观众一定会觉得有一个世界闻名的人和我一起上台的拍卖会，比他们往年参加的拍卖会更有意思——只要我没有因与马特·达蒙同台而太过激动并昏倒就行。

现在，正如你可以想象到的，我见过的每一个人都知道那晚我要和马特·达蒙同台搭档主持拍卖了。当时照片墙软件还未发布，所以对我来说，只要有机会能让每个人都知道这件事，我就不会浪费这个机会。甚至是我在纽约的朋友们——一般我告诉他们某个我觉得很酷或很刺激的经历时，他们嘴上不会说什么，但心里其实会觉得我挺烦的——在听说我将与电影《心灵捕手》中的联合编剧兼主演同台演出时，也表现出了心驰神往的样子。

拍卖会当晚，我紧张地走进西普里亚尼华尔街饭店，盛装打扮，准备登台西普里亚尼华尔街饭店的大厦令人印象深刻：这座大厦坐落在纽约证券交易所的背面，纽约证券交易所是一座巨大的建筑物，上面的大型石柱拔地而起。穿过大厦的旋转门，你会进入一个巨大的大厅，这里看起来就像你在有关华盛顿特区的电影场景中看到的大楼内景一样——一座华丽的古希腊复兴式的建筑，房顶有70英尺高，四面是巨大的石柱。当我到达那里时，700名衣着精致的客人正缓步走向他们的餐桌。在鸡尾酒会快结束的时候，我计算好了我出场的时间，确保在拍卖前的最后时刻，不管是谁有事情要和我说，我都会有时间跟他们沟通。果然，当晚活动的组织者抓住我的手，领着我穿梭在餐桌之间，我在这一路上时刻留神避免踩到参加活动的女士的拖地长裙上。我跟着她穿过人群来到我的餐桌前，她很快就在离马特·达蒙几个座位远的地方找到了我的座位卡。我以为我只需要在我的座位卡所在的位置坐下来，等他和我一起上台再和他打招呼就行了，然而，活动组织者另有打算（我觉得她是想借机让自己也有机会跟马特·达蒙本人说两句话）。当她带我去见他的时候，我看到她的脸开始变红，结结巴巴的，努力想找点儿话说，却一个字都说不出。当她转过来打算介绍我的时候，我伸出手，快速地介绍了我自己。

我将按顺序回答你想问的问题：

1. 是的，他看起来跟他在电影里的样子一模一样。

2. 我没有大声喊或哭泣，也没有提到我认为我们应该成为最好的朋友（尽管我确实觉得倘若他有我这么个朋友，那会对他有好处）。

尽管我心里知道马特·达蒙实际上不是“杰森·伯恩”，但我还是觉得我需要保持警惕，以防发生不测。

我丈夫看“谍影重重”系列影片已经看了不下一百遍，这意味着我也可能已经看过不下一百遍。我很自然地觉得这意味着在别人介绍我们认识的时候，马特·达蒙会认出我，尽管我从未见过他。很明显，他不认识我。我们简单地谈了谈这次拍卖的事，他同意上台参加“叫牌出价”环节。于是，我迅速地离开了那里，回到了我的座位上。

我在餐桌上就座后，在用餐过程中再也没跟他说过话。然后，我站在后台，做好思想准备要和一群新观众进行一场漫长的拍卖。和往常一样，我用“敲击法”开始了拍卖，并播放了一段关于当晚拍卖会的简短而振奋人心的视频。从客人们震惊的表情中可以明显看出，今晚的拍卖将和往年他们参加的拍卖截然不同。拍卖价格上涨到活动组织方预期的 5 到 10 倍。活动的女主席告诉我，观众们很可能沉浸在相互之间的对话中，不会对拍卖太上心，然而，我发现事实正好相反——观众们都很投入，很兴奋，并疯狂地出价。幸运的是，出价最高的那一桌就是我之前坐过的那桌。现场拍卖进行到一半时，马特和我同桌的几个人为了其中一件拍品与另一张桌子边上的一群人展开了竞价大战。出价不断攀升，越来越高，直到超过目标金额的两倍。马特和他邻座的同伴兴致高昂地对我起哄，当出价接近一个天文数字时，马特冲着我大喊："嘿，琳赛，琳赛，把拍品加倍。"

拍卖会上总会有那么一两个人控制不住自己的情绪。他们可能之前参加过拍卖会，或者他们可能幻想自己是下一个伟大的慈善拍卖师，又或者他们可能只是喝了太多的酒，然后想要站在舞台上。

不管是什么原因，这个人会抛出一个善意的意见，比如"把拍品加倍"。从理论上来讲，这是一个好主意，因为当我需要把拍品加倍时，这就意味着我已经把竞拍价格推到了尽可能高的位置上，然后惊喜地向竞拍者们宣布，他们两个都可以以最高价得到这件拍品。然而，在这次的情况中，我只有一件拍品可以出售。通常情况下，当观众中有某个人试图扮演联合拍卖师的角色时，我都会立即开玩笑地说："先生，谢谢你绝佳的提示，但我相信你肯定知道拍卖师独自主持拍卖的效果才最好。"通过这句话，我告知他们我已经听到他们的意见，对他们表示感谢，然后提醒他们谁才是最强大的女人。

但是，如果是世界上最有名的人之一突然插话提建议，叫错你的名字，或者准备在接下来的环节和你一起上台，那你该怎么办？

在那一刹那，我知道我有两个选择：要么把在座位上大声喊叫的那个家伙当成《人物》杂志评出的年度最性感男士，然后赶紧把我自己的名字改成“琳赛”，要么就把他当成那天晚上一名学生的家长，让他知道是谁在掌控当天的拍卖会。

碧昂丝称她的舞台人格为“萨沙·菲尔斯”，这种叫法被用来描述某个人一改通常腼腆的形象，穿着闪闪发光的紧身衣站在舞台上，伴随着重金属音乐，跳着极富节奏感的舞步。虽然我还没有给我的舞台角色命名（欢迎给我提建议），但是我知道，一个人的个性中的某一面可以变得极为强大，以至于即使其个性中的另一面想要听其自然，强大的这一面也不会让人退缩。毫无疑问，我的舞台个性展现了我最坚强、最自信的一面，正是我性格中的这一面让我对当天晚上别人对我的评价毫无畏惧。

“先生，我确实一直想在观众中找一个初级拍卖助理，但是我不能把拍品加倍，因为我只有一件拍品可卖。”

停顿。

“更重要的是，我叫莉迪娅。”

他倒吸了一口气，紧接着大笑了起来，而我从房间里其他客人睁大的眼睛里看到，我因为纠正了自己的名字而赢得了他们的尊重。在超级成功的现场拍卖环节之后，马特·达蒙上台参加了当晚的“叫牌出价”环节。当他大步走上舞台时，他试图化解之前犯的错误带来的尴尬，说道：“嘿，琳赛。”他转向观众说：“这只是我和莉迪娅之间的玩笑话，琳赛是我给她起的昵称。”对此，我向观众答复说：“学校确实跟我提到有一位很上进的演员将和我一起上台主持‘叫牌出价’环节，下面就让我们用掌声欢迎迈克·戴蒙德。”我不知道刚才我说的这个名字从何而来，也不知道我为什么决定把马特·达蒙重新塑造成一个上进的名叫迈克·戴蒙德的演员，但是他是一个很有娱乐精神的人，在接下来的拍卖中一直和我配合得很好。事后，许多人找到我，对我的大胆表示惊叹。但是，拜托，最强大的女人不会就那么算了的。我的名字就是我的名字，这一点是没有人可以改变的，即使是“杰森·伯恩”也不行。

那个晚上是我拍卖职业生涯中具有定型作用的时刻——如果那晚我能坚持自己的立场，还有什么能阻止我呢？自多年前的那次拍卖以后，当我再站在一屋子全是世界上最富有、最成功的人面前时，我甚至都不用犹豫就会坚持自己的立场，把他们看成和普通人一样的人。任何见过我在舞台上主持拍卖的人都知道，为了我当晚所服务的组织的利益，我会“榨干”观众的口袋，筹到尽可能多的钱。通过这项技能，我已经赢得了很多人的尊重，并且把它变成了一项在任何地方对任何人都可以使用的技能。我都不记得有多少次，当我和一位高层主管在纽约一起参加全美最顶尖的协会之一举办的会议时，会上总是会有人笑着对我说：“哦，天啊，你让我在上周的（某个非营利组织的名字）活动中付了一大笔钱！”无论你在你的人生旅途中遇到什么样的人，人们总是会尊重那些掌握了他们所没有的技能的人。在生活中，无论你对什么有热情，都要专注于在这方面追求卓越，并记住要以一种了不起的方式去实现它。一家公司的 CEO 并不是靠站在一边让别人来掌管一切而成为 CEO 的。

去做推动事物发展的那个人

有意思的是，我发现像我和马特·达蒙在舞台上那次合作那样的具有定型性的时刻也让我在我的日常工作中更自信了。在拍卖会上穿着鸡尾酒会礼服震撼全场是一件让人增强自信的事，但是，我同样喜欢在工作中有那种充满能量的感觉。我在9月的一个明亮而清爽的早晨走进位于伦敦的气势宏伟的汇丰私人银行大楼的一部分原因就是我新找到的这种态度。还记得为了成立战略伙伴关系部，我是如何说服公司里的每个人理解我关于战略伙伴关系的想法的吗？“伊丽莎白·泰勒收藏品”的那场活动证明了我的战略伙伴关系理念是可行的。但这种性质的拍卖会少之又少——佳士得和苏富比两家拍卖行为了赢得这些具有里程碑意义的拍品的拍卖权展开了激烈的竞争，因为这种拍卖可以吸引那些最难邀请到的收藏家。我们拍卖的大部分拍品都是来自不同的收藏家的，他们没有世界第一大名人的光环和附加效应。拍卖“伊丽莎白·泰勒收藏品”带来的恶名和公关事件是很难被复制的。就像拍卖界的每一场重大活动中都会发生的那样，在拍卖结束后的第二天，每个人都已经准备好参加下一场活动，寻找下一件重要拍品，或者很有可能是下一个里程碑式的收藏品。自从我建立战略伙伴关系部，拍卖伊丽莎白·泰勒的珠宝几乎占据了我每一天的每一分钟，现在是时候弄清楚在正常情况下，每年在拍卖行业里，战略伙伴关系部的境况会是什么样子的。我有很多停工时间，我的预算中也有一个很大的缺口需要被填补。

当我开始整理我的目标时，我决定直接向公司高层领导提出请求。人和人之间在本质上并没有什么不同，对吧？我与赞助商打交道的时间已经够长了，我知道要批下来大笔资金是需要高层拍板的。我决定，为了建立战略伙伴关系部，我要打通关系的目标人群不能再局限于低层和中层管理人员了。然而，似乎只要我试图与中层管理人员建立合作伙伴关系，事情都会陷入繁文缛节中。在大多数公司里，如果你能直接找到在支票上签字的人，而不是通过找别人来找到能在支票上签字的人，你很快就会意识到，他们下面的每个人都只是在按照他们的职责行事。由于我的简历上已经有十多年的工作经验，而且身后还有佳士得的品牌，所以我有便利的条件可以直接给任何级别的人打电话。我知道，要想获得我需要的资金，我必须从最高层领导开始问起。我开始接触我所能找到的每个公司里最资深的人——主动给他们打电话，给他们的助理发电子邮件——看看是否有银行业、酒店业、航空业和汽车业的人愿意见我。

如果你刚进入一家公司，在一家初创企业工作，或正在建立自己的公司，你也许无法在上班第一天就接触到顶层领导，但是你总能认识可以帮你接触到领导的人，你要和他们建立联系。这样一来，如果你想在事业上取得进步，就会有人支持你。

花时间去了解一个公司领导的助手或下属总是一个好主意，因为他们可能就是下一个被提拔的人。如果你已经在用最强大的女人对待同事的方式去对待他们，那么你肯定会见到你最终想见的那个人，这只是时间早晚的问题。在我的职业生涯中，我的团队成员曾多次请求我见一下公司内部的某个人。虽然见不见这个人我会自己做决定，但是我的团队成员的推荐肯定是同样重要的。

接连几周从执行助理那里收到礼貌但坚定的“不行，谢谢”这样的答复之后，我收到了位于伦敦的汇丰私人银行的 CMO 的一封令人兴奋的电子邮件，他要求与我见面。只要他一有空我就能去那里——我这样回复了他。他建议下个星期一见面，也就是 4 天之后。我没有跟他提我在纽约，因为我不想让他有机会建议我们通过打电话的方式交流。我说过，以后也还会这样说：只要有可能，就去跟别人进行面对面的交流。我知道你所在的某个职位或某家公司可能没条件让你坐飞机去伦敦会见某个人。我刚开始工作时，也没有人会派我去伦敦开会。但是如果你确实有机会和别人面对面交谈，那你一定要充分利用这个机会，并在个人和专业的层面上与其建立联系。即使你们的会面都是关于公事的，你也可以利用一些休息的时间来拉近你们的关系。我说的这些是什么意思呢？你需要找到你们之间的一个可以建立联系的点，以便下次打电话或有机会再见面时你可以提起这个点。有时这个联系点是一些小事情——某人在哪里长大，在哪里上学，喜欢哪支运动队，是否有孩子，是否养宠物，等等，任何你在下次谈话中可以再次提起的事情都行。如果你要见的这个人提出可以在他的办公室见面，那你就要抓住机会四处观察，看看是否有什么可以和这个人建立联系的点。如果你看到一张有孩子的全家福照片，你就能询问对方关于他的孩子的学校休息或假期计划的事。如果看到旅游的照片，那就是一个可以询问你没去过的地方或你一直想去的地方的好机会。这个人已经有孙子或孙女了？那就好办了，因为只要一聊起自己的孙子或孙女，人们就会有说不完的话。宠物的照片则可以引发关于各自最喜欢什么类型的狗、猫之类的谈话。讲一个幽默的故事，让你们的见面不只停留在一次交易的层面上。

再说回伦敦。那是一个清爽的早晨，汇丰银行大楼的外观雄伟大气，而我则带着我新建立的自信心——至少我是这么想的——来到那里。当我走上楼梯，穿过宽敞的前门时，我能感觉到我的神经紧张起来。如果我丢掉一份我非常熟悉的工作，而去做一些可能不会成功的事情，那会怎么样？如果战略伙伴关系这个部门运转得不好，我一个月后可能就要失业了，那我该怎么办？这无关乎你有多少自信心，当你真正身处那个境地的时候，你很容易怀疑自己。但就是在这些时刻，你才不得不需要从内心深处挖掘自己的信心，相信自己，相信你为达到成功所投入的时间会得到回报，并努力散发出自信。记住，保持外在的淡定会让你在生活中走得更远。即使你的内心在颤抖，也要保持冷静，外表镇定，然后继续前进。我向前台报了姓名，拿着他们提供的一杯茶，走进一间巨大的房间，房间里有巨大的窗户可以俯瞰街道，然后我坐到一把椅子上，开始在脑子里一遍遍地回想关于推销的技巧。我排练了一遍我精心准备的开场白——一种在没有拍卖槌的情况下使用的“敲击法”，这样我就可以毫不犹豫地进入推销状态。几分钟后，一位年轻的女士走过来带我去市场营销和通信部全球主管的办公室。我走进了一间比我在纽约的办公室还小的办公室，他因为还在开会所以迟到了，需要让我等几分钟，这让我感到又惊又喜，也有点儿如释重负。接下来的几分钟里，我环视了他的办公室，让自己熟悉一下他的生活——孩子、旅行照片、因各项工作被授予的奖项和大学授予的学位。他来的时候，我觉得我似乎已经认识他了。有了这些信息，我发现我面前的这位绅士不再是在那家堪称那个年代最伟大的市场参与者之一的企业工作的高管，而是拥有一个喜欢旅行的家庭、工作能力突出的普通人。

我先开口说话，询问了他在汇丰银行担任的职位，以及他认为对该公司来说比较成功的合作伙伴关系。随着他逐渐深入地探究他在公司里建立合作伙伴关系的经历，我看到了一个自然的转折点，并利用这一点快速地开始了我的宣传，向他解释什么是战略伙伴关系，谈论了这与市场上其他项目的不同之处，规划出我们两家公司在全球范围内可以开展项目的城市的数量。这时候，我们就可以从讨论佳士得和汇丰银行所在的两个国家，自然而然地过渡到谈论旅游……然后从他最喜欢的旅游地点、我最喜欢的旅游地点，最终再回到战略伙伴关系上。我准备了一本概述这个项目的精装书，他若有所思地翻看着，时不时地会对某个特殊的地方发表意见，遇到问题就会问我，然后会针对我之前跟他说的我当年的旅游计划给我一些建议。这是我最喜欢的宣传类型，专业但是也很私人化，它不仅让我在离开的时候感觉自己不仅已经有效地把产品宣传出去了，也让我能比在领英上更多地了解刚刚与我交谈的那个人。

我在离开他的办公室时，确信自己会再次收到他的邮件或电话。我的感觉是对的。那是4个月后，也就是我为了举办婚礼和度蜜月要离开工作岗位的前一周，我接到了他打来的一通电话，他说他想要一份关于我们在会议中讨论的所有事情的正式计划书。我与我的同事不辞辛劳地一起努力，在我去参加婚礼之前拿出了一份尽可能完备的计划书。当我到达位于塔希提的酒店时，我坐在床边的桌子上，发现从我办公室拿来的最终计划书需要进行最后的修改，此时，窗外是一个无边无际的蓝绿色的世界。我把计划书拿起来扔进了垃圾桶。你只有一次蜜月——谁想把它花在修改计划书上？即使是最强大的女人也需要休息和充电。

在我度完蜜月回到办公室的第二天，我就把最终计划书发过去了。一周后，他打电话告诉我，他们同意签署战略伙伴关系协议。这是一个从各方面来讲都令人兴奋的电话，但或许更令人兴奋的是，我是打心眼儿里喜欢与这样的人一起合作。在我们签署协议之后，每次我去伦敦出差时，我都会特意去他的办公室和他见一面，而不是匆匆忙忙给他打一通电话，就像那天我要给其他人打很多通电话一样。当他决定离开汇丰银行时，他顺路到佳士得拍卖行伦敦分部找我喝了一杯茶，告诉我他离职这件事，并告诉了我他的新计划。我很高兴能与一位共事多年的人建立联系，不管他是否是汇丰银行的CMO。

最强大的女人明白，无论某个人在工作中被提拔到多么高的位置，或者有多么高的名望，他们仍然希望通过分享情感体验来建立人际关系，而且会永远尊重那些通过努力在其所在领域取得成功的人。最强大的女人不会被权力吓倒，相反，她会去寻找那些通过努力工作和坚持不懈来获得尊重和能力的人，正是这些品质让这些人成为其所在领域的佼佼者。她会寻求他们的建议和忠告，也会为自己的人生规划道路，人们最终会因为她是最强大的女人而来向她寻求建议和忠告。

她们的现在就是你的将来

——她们如何获得能量

亚历山德拉·巴克利·沃里斯

Bitsy's 营养食物公司联合创始人

一个有能力的女人不会浪费大量的精力把自己变成一个不是她本来样子的人。她知道，她把握住真正的自我，不再因认为自己缺少某种特质而抱憾，也不再因为她不是某种样子的人而感到焦虑的时候——当一个女人愿意大声地说出“这就是我”，而不只是被动地“接受”自己时——也是她获得能量的时候。当我开始明白我的敏感不仅不是我的弱点，反而是使我强大的关键因素时，一切都不同了。

玛丽·朱利亚尼

作家，养生达人，名人餐饮筹备者

在我职业生涯的早期，我接到了来自世界上最好的活动策划者科林·考伊办公室的电话，他想让我联合知名时尚杂志《优家画报》（*InStyle*）在佳士得拍卖行为伊丽莎白·泰勒的一场活动筹备餐饮——这一句话里出现了4个非常有名的名称。

然而，如果伊丽莎白的标志性颜色是紫色，那么我的则是绿色，因为那正代表了当时作为一名新人的我。一般的新手甚至都无法接近这么大型的活动，而当时的我在餐饮品牌DM料理做餐饮销售代表才两个月，我都还不太清楚吃沙拉用的叉子和吃开胃菜用的叉子之间的区别。但是在某一刻，我突然发现机会来了，如何利用这次机会由我来决定，并且我只能靠我自己想办法处理相应的问题。

当我打开佳士得会议室的大门时，我简直不敢相信自己看到的一切。房间里坐着佳士得的高管、《优家画报》的整个高管团队，以及伊丽莎白·泰勒最信任的经纪人团队。我环顾四周，看到这个房间里坐满了成就斐然的高管，我当时心里想着“请不要叫我，请不要叫我”，我的心跳也在加速。

当我把淡紫色的地毯、水晶、大象（没错，就是大象）、负责拾取大象粪便的工作人员要穿的尼赫鲁夹克、灯光、音响、媒体、VIP客人等都核对完毕后，轮到我发表关于菜单的想法了。我一口气说了一长串我都不太知道怎么念的新奇的食物的名字。科林还提出了一些更新奇的建议，比如鱼子酱和雪维菜。

很快我们的沟通就被伊丽莎白·泰勒的团队叫停了，他们告诉我们说伊丽莎白不喜欢新奇的食物，让我们放弃所有与鱼子酱和智利鲈鱼相关的菜品，只要派对上有面包裹猪肉肠和迷你芝士汉堡，她就会很开心。听到这个消息我很高兴，因为这正是我最喜欢的两种食物。

在那一刻我意识到，如果我想从事餐饮行业，为业内最优秀的人提供餐饮服务，那么我就必须忠于自己内心喜欢烹饪和提供的食物。我的特点就是真实、脚踏实地、平易近人。我这个人不擅长做新奇或者矫揉造作的事情，所以我为什么要提供那些类型的食物呢？两年后，我创办了自己的公司，猜猜我们过去13年的销量冠军是什么？小热狗。

贝蒂娜·普伦蒂斯

普伦蒂斯文化传播公司创始人兼创意总监

18 年前，我步入职场，我的第一份工作是做苏富比拍卖行的前台。大多数人在走进大门的时候都将我视为空气，也会有一些人对我很礼貌。最坏的时候，我不得不耐着性子坐在那里，听着某个大人物因为他要见的人不在国内或者没时间见他而对我大喊大叫，或者用手指指着我的脸。从底层做起教会了我关于尊严、尊重、同理心和在压力下保持优雅等方面的很多道理。

对于每个刚开始创业的人来说，你所经历的事将教会你在应对困境时所需要的技巧，也能让你在今后的职业生涯中学会尊重周围的人。我现在拥有一家自己的文化传播公司，有着不错的客户群体。我很自豪，我们拥有一个能给人提供支持的、让人感觉很亲切的工作环境，在这里努力工作的人会得到赞扬，人才会得到培养。每当我对应聘某个新职位的人员进行最终考核时，我都会与应聘者分享自己的前台工作经历。我相信生活就是一个培养精英的过程，今天的助理编辑有可能成为明天的总编辑。

最强大的女人

会……

13 激励他人，以身作则

我在自己的职业生涯中经常听到的一句话是“管好你自己的一亩三分地”。当我路过别人办公室的时候，我无意中会听到办公室里的人这么说，不管是男是女，也不论年龄大小，他们都经常会这么说。人们在打电话、做电视采访、参加会议和跟朋友吃饭的时候，都会说这句话。就像很多短语逐渐成为职场人士日常使用的短语一样，这句话堪称完美——容易理解，简单形象。

注意：最强大的女人不会只停留在自己的一亩三分地。

毫无疑问，有些时候，你确实是应该只照看好自己的一亩三分地，这样可以保证你及时完成自己的工作。但是，这个世界充满了各种可能，如果你只停留在自己的一亩三分地，你将永远不会有机会去接触那些你本可以去做的无比美妙的事情。

我曾和一位一度是我在拍卖界的最大竞争对手的女士一起主

持了一场每季度一次的网络早餐会。“对手”是一个很强烈的词，尤其是当你用它来指代一个你从未见过的人的时候。但是在我二十多岁的时候，我真的相信，佳士得在拍卖界最大的竞争对手苏富比拍卖行里和我职位相同的考特尼·史密斯，对她自己的工作十分着迷，就像我对我自己的工作一样。在我二十多岁的时候，我有比现在更多的时间去思考、去杞人忧天，我经常会胡思乱想一些根本不存在的戏剧性的故事情节。再看看十年后：我家里有三个年幼的孩子围着我转，我白天的全职工作是负责管理一个部门，晚上还要主持拍卖，所以我不仅不知道苏富比拍卖行和我相同职位的人的情况，也没有时间去关心这些。除了下班回家和争取能有 5 个小时以上的睡眠时间，我没有兴趣去想一些乱七八糟的事情。

然而，在我参加工作的最初几年，我满脑子想的都是考特尼·史密斯在负责苏富比的项目部门，这让我们成了竞争对手。不管什么时候，只要有客户说漏了嘴，提到他们参加了苏富比的一场非常精彩的活动，我就会想他们是不是做得比我好，内心就会有一点点忌妒。每当有文章介绍苏富比的某场奢华的活动时，我都会仔细阅读，想确定一下我一开始没想到的事，他们是不是也没有想到。如果我是可口可乐，那考特尼·史密斯就是百事可乐；如果我是三星公司，她就是苹果公司。我们在世界上最大的两家拍卖行各自做了十年完全相同的工作。最终，在加利福尼亚举办的一场慈善拍卖会让我们碰面了。

你的“对手”意义非凡

我到达了位于塔霍湖岸边的一处绝美的庄园，去参加“拯救塔霍湖”拍卖会及奥斯卡·德拉伦塔（美国著名设计师）时装秀的会前鸡尾酒会。那是我第一次去那里，我喜欢北加州的夜晚美如画的广阔蓝天，以及在太阳开始往下落的时候寒意逼人的空气。就像在纽约以外任何城市的鸡尾酒会那样，我在那里几乎不认识活动上的任何人。但正如你现在可能已经猜到的，我把这当作一个好机会。我前面说过，要么建立人际关系，要么完蛋，还记得吗？在这种情况下，我的目标是认识尽可能多的人，这样在我第二天上台的时候，我其实就已经和一些人快速建立了友谊，当我想开始竞拍或者想让会场安静下来的时候，他们就不会介意被我叫到名字了。要想成为一名高效的拍卖师或取得生意上的成功，很关键的一点就是让人们感觉你是他们当中的一员。我会花很多时间检查笔记，以确保我在描述他们的组织时使用了正确的缩写名称，并与拍卖席上的观众保持友好的关系，希望在拍卖出现冷场时，他们能帮我一把。出价最高的竞拍者很可能就是我在拍卖前一天晚上结识的某个人，他很享受我在 500 人的人群中对他给予的几分钟的额外关注——这种情况已经不止一次了。

我在到达会场后通常会先用几分钟环顾整个房间，看看这些客户中是否有我认识的人，或者祈祷人群中有一两张熟悉的面孔。在塔霍湖的活动上，我在暗中扫视了一下四周后意识到，我一个人也不认识。于是我决定另辟蹊径，看看是否能有好运气。当我走近门口时，我看见一个女人正朝我走来。每年在舞台上面对数百人主持70到100场拍卖活动会产生一个奇怪的副作用，那就是我经常会被一些人拦住，然后他们就会跟我攀谈起来，就好像彼此认识了很久似的。我在公园里、在街上、在餐厅吃晚餐时、在海滩上，都曾经被一些认为我们是朋友的人拦住。每当有人开口说“你看起来真眼熟”时，如果我觉得我对他们不熟悉，我的第一个问题就是“你最近参加过拍卖会吗？”从她脸上大大的笑容，我可以猜出她是我在舞台上主持拍卖时见过我的一个人，而现在她认为我对她来说是一个相当于她姐姐最好的朋友或她的瑜伽老师（我希望如此）的人。然而，当她越走越近时，我注意到她身上有一种奇怪的熟悉感。当她走向我时，她的脸上绽放出灿烂的微笑，然后简练地说：“莉迪娅，我是考特尼·史密斯。”

即便此时我们不在纽约，而是在这个国家的另一端，她的名字对我来说仍然意义非凡。我们像老朋友一样彼此拥抱，并在鸡尾酒会接下来的2个小时里，一起回忆了我们早年在拍卖界的经历，完全忽略了其他人。最后，我们去了附近的一家餐馆共进晚餐，这顿晚餐吃了4个小时。我们的谈话其实就只是在闲聊，内容涉及方方面面，从我们的个人生活到我们的职业生活，再到我们在项目部门的时候及在拍卖界里竞争的故事等。和另一个在二十多岁时和我有同样经历的女人一起聊天，这感觉真是太棒了。和我的经历不同的是，考特尼后来去了世界上最好的珠宝商之一——格拉夫钻石公司工作，这也使我们更能真正敞开心扉地聊我们的经历。她负责该公司的市场营销和项目活动，而正是格拉夫钻石公司赞助了我第二天要参加的这场“拯救塔霍湖”拍卖会。凭借她的勤奋和聪明才智，她的事业如日中天。我们这次会面后不久，她采取了事业上的下一步行动：在芬迪创办一个名为私人客户服务的新部门。我告诉了她我是如何规划战略伙伴关系这个部门的，现在我只专注于为佳士得在世界各地建立大规模的合作伙伴关系。在那一顿涵盖了我们所能想到的所有内容的漫长的晚餐之后，我们当晚就道别了。在拍卖会的前一天，我们简单见了面，打了个招呼，但是拍卖会之后，我们又聚在了一起，讨论前一天晚上我们忘记讨论的事。回到纽约后，我们仍旧保持联系，并定期见面共进晚餐。

一天晚上，我们在哈德孙清水餐厅共进晚餐，这是一家位于西村（West Village）的舒适餐厅，坐在这家餐厅会给你一种坐在纽约市中心的一个小小的后院露台的感觉，我和考特尼的对话基本上是下面这样的。

我：“……然后我要和我的好朋友玛丽会面——你知道玛丽，对吧？”

考特尼：“不知道。但是这提醒我了，我想跟你聊聊我跟阿什利见面时发生的事。你以前见过她，对吧？”

我：“没有。”

在晚餐过程中第三次发生这样的事情之后，我们都停顿了一秒，然后几乎同时意识到我们需要一个建立人际网络的平台。我们想过组织鸡尾酒会，但是这种形式似乎不够正式。如果举行午餐会，中间可能有人有会议要参加，或者需要接送孩子们上下学，所以午餐会似乎很容易被打断。于是我们决定组织大家吃早餐——人们只有在一天中的这个时候才不会被任何事情妨碍到。谁不喜欢以灵感和一大杯咖啡来开启他们的一天呢？我们两个都会邀请对方没见过的朋友，而我们的朋友也会从那些我们认为优秀的、有能力的、令人称奇的朋友那里受益。就这样，以建立人际关系为目的的早餐开始了。

在此之前的几年里，我很幸运，每年圣诞节前夕都会收到在“21俱乐部”的私人酒窖举行的一年一度的名为“不吃午餐的女士”午餐会的邀请。该活动由被《财富》杂志称为“华尔街女王”的令人敬畏的亚历山德拉·里本萨主持，这是我第一次受邀参加一场全是一流女强人参加的活动。“21俱乐部”的私人酒窖宴会是古代纽约的缩影。当你走下台阶，经过每个卡口都画着赛马骑师的铁门的时候，你会立刻觉得自己仿佛穿越回了一个不同的年代。他们会先存放你的外套，然后会有一个管家领着你穿过热闹的餐厅，那里挤满了熙熙攘攘的客人，在布满了节日装饰的气氛里庆祝节日。然后你会穿过厨房，这里会有一位穿着小礼服、打着黑领结的服务员摇一摇铃铛，让每个人都知道有人来了，路面滑滑的，你在路上还要躲避托着盛有食物的托盘的侍者。然后你会走下一段楼梯，来到地下室，他们会带着你经过一扇至少有4英尺厚的门。你需要一边用手扶着堆满铁艺酒架的大架子，一边低头躲过头顶的管道，然后你要猫腰通过墙上一个爱丽丝梦游仙境式的洞，之后你就能看到一个酒窖，在禁酒令时期，这个酒窖兼作餐厅。

桌子只能坐22个人，不过凭借亚历山德拉的魅力，有时这里也会坐24个人。俱乐部舒适的椅子和环绕周围的一瓶瓶的红酒，都会让人不禁想起过去的时光。你觉得去俱乐部很浪费时间？请试试“21俱乐部”的酒窖吧。我其实去那里吃完午饭就直接回去工作了，当天去当天回。这是一个典型的有能量的纽约人聚集的地方，亚历山德拉每年12月都会邀请纽约市的一群令人印象深刻的女性加入她的午餐会。毫无疑问，对我来说，午餐中最难忘的部分一直都是她向这群人提出的问题。这是每个人都必须回答的私人问题，但是也是一个让人出乎意料的问题，比如：“你参加的第一场音乐会是什么？”

通过一个人讲述故事的方式，你可以对这个人有很多的了解，而这场午餐会是一个不可思议的时刻，可以让你亲眼看到来自金融、时尚、媒体和美容行业最高层的女性分享她们是如何取得今天的成就的。每年能参加在纽约地标式的地点举办的这场特别的活动，聆听我所敬佩和尊重的女性回顾她们的个人生活和职业生涯，真是太棒了。

因为我脑子里想着亚历山德拉的午餐会，所以我建议考特尼在我们的早餐会上采用类似的形式。我们举办第一场早餐会的那天早上，我和考特尼很早就到了，在西村的一家小餐馆里焦急地等待着我们的第一批客人。客人名单上一共有12个人——我们两个分别邀请了对方不认识的5个人，每个人一到餐馆，我们就会为其做介绍。在让所有人都熟悉了她们的同桌进餐者之后，我让大家都安静下来，并感谢她们的到来。我和考特尼向大家提出了一个简单的请求："告诉我们你们的生活中最近发生了什么。"就像我在公开演讲那一章里提到的，你会惊讶地看到，当被要求在一群不认识的人面前演讲时，即使是最自信的女性也会感到有点儿不自在，尤其是当她们被问到私人问题时。每个人都坐在那里盯着我们看，然后又紧张地在椅子上动了动，接着有一位女士主动发言了——早餐会真正需要的就是这样敢于投出第一张信任票的人。这些女性一个接一个地回答了问题，然后早餐会继续进行。

就像女人聚在一起经常会发生的那样，几分钟内谈话就热闹了起来。我们曾假设，旨在建立人际关系的早餐会一般可能主要关注的是职业和工作方面的问题。然而，很快我们就发现，没有人会在不谈论个人生活的情况下谈论自己的职业。在很多情况下，大家可能根本就没有聊职业，只是在早餐会上结识新朋友，分享彼此的生活。

分享，看见不同的世界

她们确实在分享。分享所有的事。她们分享得越多，她们得到的回报也就越多。我原本料想的是早餐大概要花一个小时，因此在我的日程安排上也留出了相应的时间。而在早餐会进行了2个小时之后，我终于不得不叫停了这次早餐会——没有人想离开。当我和考特尼坐上一辆出租车去上班时，我们不停地回忆刚刚发生的事情。你常常听到的是女人们互相拆台而非互相帮扶的故事，这跟我们刚刚经历的早餐会的情境完全不同。在那天的早餐会上，围坐在桌子边的 12 个人都有不同的观点和视角，而且她们愿意将其分享给餐桌旁的每个人。这就像拥有一群认可你所做的工作的啦啦队员，无论你是一位职业女性、一位母亲、一位独立的女性，还是一个刚刚开始创业并小有成果的人。虽然我们之间的连接点不多，但我们却都被对方的想法吸引。一开始只有 10 个陌生人和 2 个联络人的早餐会，现在已经变成我们每个人的新的人际网络。

几周后，当我们开始收到朋友们的电子邮件，问我们打算什么时候举行下一次早餐会时，我们很快就意识到我们要继续行动了。她们的下一个问题是："我可以邀请我的朋友、同事、我认识的某个墨守成规的人参加吗？"很快，早餐会就变得像"毒品"一样——这个女性团体中的许多人彼此从未见过面，却愿意帮助对方解决其在私人生活和职场生活中遇到的问题，并且为了让大家认识更多的人，她们让自己人际网中的人也参与进来。在我们举办这个早餐会的 4 年里，早餐会邀请的客人已经有 100 多位，每一次邀请的人数从只有 12 个发展到现在的 25 个。我们邀请任何需要生活指导、需要职业指导、需要对一项新业务承担新职责的人来这里。在这里，大家可以讨论关于分手、孩子、离婚、做母亲、婚姻中的挑战、生育问题、职业变化、职业成就等任何方面的事，只要你能想到的，我们都会讨论。我们会问参加早餐会的每个人同样的问题："你近期的目标是什么?"因为，正如你所知道的，一个有能力的女人总是会把她的目光放在某件事情上，无论是创业、养家、经营家庭教师协会，还是为非营利组织制订筹集资金的新策略。

当我和考特尼在生活中遇到需要从不同的角度或全新的视角来看待个人或事业上的问题的女性时，我们就会邀请她们加入我们。我们也欢迎参加早餐会的人推荐那些她们觉得可以通过参加早餐会受益的人。参加早餐会的女性的年龄构成也发生了变化：过去是 35 岁左右的女性，现在则是从 20 多岁到近 50 岁的女性都有。她们会分享自己的人生建议，以及对我们生活的这个不断变化的、充满挑战的世界的不同看法。任何需要改变或有兴趣开启职业和个人生活新篇章的女性都可以加入我们。有些人每场早餐会都参加；有些人在中断了几场后又回来了；有些人由于时间和精力的原因，在来了一次之后就再也没来。我们组织的早餐会的美妙之处在于其中既有初来者，又有回头客。新的参加者给大家带来了新的生命和新的能量，以及不同的谈话主题；常来的人会告诉我们她们生活中发生了什么。早餐会成为一个人们可以分享激动人心的消息的地方。就我个人而言，当我把这本书卖出去的时候，我就会迫不及待地想将这件事告诉所有参加早餐会的人。我跟身边的人谈起这本书已经有好几年了，当我最终完成本书的计划书并在几周后将它卖出去时，大家的反应极其热情，随后她们主动提出帮我主持签售会或安排演讲活动。一位早餐会的参加者曾跟大家分享了她在生育方面的问题，一年后，她就带着新出生的宝宝来吃早餐了；另一位参加者则分享了她在婚姻方面的烦恼，在差不多一年之后，当她又来参加早餐会时，她告诉大家她和她的丈夫已经解决了他们之间的问题。那些刚刚开始创业的女性会从其他已经创业成功的女性那里寻求建议；想要重返职场的全职妈妈们会来这里拓展人脉，从而找到新的工作机会和发展方向。她们都表达了对某件新事物、某种全新看待事物的方式、从前辈或者同龄人那里得到建议或者分享她们从挫折中学到的东西的渴望。

来参加早餐会的 20 多岁的女性给了我灵感——她们把工作看作生活中许多不同的可能性之一。她们不觉得工作是应该束缚人的事，而认为工作是让人充实的和富有创造性的事。这些 20 多岁的女性也带来了全新的视角，她们不畏惧去颠覆我们这些 30 多岁和 40 多岁的女人眼中的文化规范。一位在一家知名的奢侈品品牌工作的女性提到，为了省钱，她放弃了之前租住的公寓，而选择在短租平台爱彼迎（Airbnb）上租房住了一年，并且尝试在纽约市不同的社区居住。在这样一个城市里，我的很多同龄人谈论的话题都关于居住在合适的学区，以便让孩子进入合适的学校上学，而当她分享她的选择时，她丝毫不觉得尴尬，也不怕别人对此评头论足，这让我感到耳目一新。当其他 20 多岁的女性听到我说，我 20 岁那年在佳士得工作的时候，也经历了一段作为爱彼迎租客的生活时，她们也感到耳目一新。那天参加早餐会的人里除了我，没有其他任何一个人还在她们开启自己职业生涯的公司里工作。此外，她们似乎也并不在意从一家公司跳槽到另一家公司之后简历上出现的空白期。

我总是鼓励我那些30多岁和40多岁的同龄人要多和下一代人接触，并且要明白年轻人的思想会对他们实现目标有多么大的帮助。年轻人不会总看到困难，他们看到的是无限的可能性。鼓励他们，了解他们——他们愿意敞开怀抱去迎接各种经历和生活，这种开放的态度是让人感到惊奇的——会挑战你看待生活的方式，甚至可能会鼓励你发展一些副业。从很多方面来说，如果你大学毕业一二十年了，你已经花时间掌握了你的技能，那么现在是时候让这些技能多样化了。就像我们可以向20多岁的女性学习一样，她们也可以向30多岁和40多岁的女性学习。很多参加早餐会的和我同龄的女性，要么在各自的事业中或在工作了很多年的公司里取得了一定的成就，要么就已经很多年不上班了——她们选择当一名全职妈妈，掌握了一套完整的陪伴、照顾孩子的技能。她们准备好了尝试新鲜事物，准备好了走下一步，但是也担负了不可忽视的责任，比如孩子、学费、年迈的父母等。她们要么在一家公司工作了很长一段时间，想做出改变，并且已经拥有大量的经验，足以支持她们去开创自己的事业；要么就是有孩子，正试图想办法兼顾所有方面。早餐会上每个年龄段的人都带来了各自不同的视角。

对我来说，早餐会简直太棒了。我喜欢和20多岁的女性待在一起，我也同样喜欢和同龄人待在一起，因为我本质上是一个生意人。虽然我在公司已经工作20年了，但是我要想在公司继续工作就必须创造一些新的东西。即使现在我的日子已经非常忙碌，我也总是在寻找其他的机会来获取新的信息或尝试新的东西。在社会中还没流行在T恤上印“副业”这个词之前，我就喜欢上了做副业的想法。能够就这个话题分享我的想法，并听到其他单身女性、订婚女性、已婚女性、全职妈妈、职场妈妈等人的想法，这对我来说是很有价值的，我们每个人都可以与周围的人分享建议。对我来说，这就是一个很好的机会，它可以让我从过去的经历中吸取教训，并且帮助那些可能在职业生涯的某个时候需要寻求建议的人。

包容、积极，成就他人

无论你处于人生的哪个阶段，你都应该考虑为这类活动安排时间。即使是你自己发起的活动，而你是同桌人之间唯一的联络点，你也应组织这样的活动，为你周围的人创造机遇。在很多时候，这只是改变一下你的思维模式的问题。当你开始把其他女人看作你的人际关系网的一部分时，你会惊奇地发现，你的建议能快速地帮助到你周围的人。当大四学生向我讨教进入职场时的建议时，我总是建议他们向刚毕业两三年的女性寻求帮助。我确实还记得那段短暂的时光，但是谁能比那些刚刚经历过人生这个阶段的人更适合为大四学生给出指导意见呢？对于那些正在寻找过渡性的工作、怀上第一个孩子或在生完第一个孩子后重返工作岗位的女性来说也是如此。和那些已经拥有了某段人生经历并找到了通往成功彼岸之路的人交谈，这对于正在经历这样的人生阶段的你来说是非常有帮助的。

我发现，人际交往早餐会的愉快氛围会持续好几天。生活中很少有比一群忠诚的女性朋友的友谊更长久的东西了，因为你支持她们，所以她们也支持你。女人喜欢交谈。我们要把那些消极言论和让人沮丧的话语剔除出去，相反，我们应该用我们的谈话去鼓舞人。关于你自己，你应该传达的信息是，你是包容的、积极的，并准备好帮助别人在他们的生活中取得成功。你这样说得越多，你就越会开始这样去实践。

我从我们组织的早餐会中得到的最大收获是什么？对于你们当中那些认为不可能脱离自己的一亩三分地的人，认为只有严格按照别人告诉你的去做才能成功的人，我要打消你的这种想法。我曾与一些女性共同参加早餐会，她们在过去 4 年里一直都在按照和上面那些人的想法相反的方式做事，而她们在生活中依然表现得很出色。我们不再生活在一个由边界界定的世界里。任何人在任何时候都可以获得信息。你需要找一份工作来维持生活——是的，这就是现实。但你也可以找到一些能让你挖掘出激情的东西，它或许也可以帮你赚钱，但绝不是通过你坐在一间没有窗户的办公室里的电脑前就可以实现的。工作不再是去办公室，在那里日复一日地做着同样的事情。你应该在工作的过程中学到一些新的技能，然后把这些技能应用到你感兴趣的其他事情上。你可以每天花时间工作，用挣的钱来付房租，然后将所有的业余时间投入你真正热爱的事情。在理想状态下，通过做你热爱的这件事，你就可以赚到足够的钱来支付房租，同时还可以资助你所有的梦想。它即使没有变成可以帮你赚钱的东西，也会为你的生活增加另外一种可能性，可以帮助你以一种全新的方式去思考你的工作和生活。

我们每个人都在过去的某个时刻选择了一个领域，并一直在这个领域里发展，但是我们不应该沉迷于过去的那段时光。我们应该生活在未来。在未来，我们可以建立没有域别之差的属于自己的社群，在这个社群里，人际关系是极为重要的。无论是在生活中还是在工作中，人们总是习惯性地埋头苦干，从来不会停下来环顾四周，也不会意识到唯一能改变他们现在所走的路的人是他们自己。不要再低着头了，抬起头去接触外面的世界，找到志同道合的人，并与他们建立联系。开始你自己的早餐会、咖啡时间或者鸡尾酒时间，试着跳出固有思维，以开放的心态去尝试新事物。如果这种方式不起作用，那就试试其他方式。

最强大的女人是一个信息搜寻者，一个与人沟通的人，她总是能听取生活中来自其他女人的建议。有时她需要的只是一个分享自己的想法和向他人学习的论坛。所以，要做一个向前迈步的人，邀请所有人加入一个充满支持和鼓励的活动。

最强大的女人，我问你一个问题——

你的早餐会什么时候举行呢？

她们的现在就是你的将来

——最强大的女人善于鼓舞他人

萨拉·凯特·埃利斯

同性恋者反诋毁联盟 CEO

我一直明白故事——包括我自己的故事——的力量，以及它们独特的改变世界的能力。故事是我们了解社会的方式，是我们学习的方式，是我们在接受他人和他人思想的过程中成长的方式。我分享了我和我妻子同时怀孕，以及与妻子一起踏上成为母亲的道路的故事，我见证了分享这些故事的力量，这让我从管理一些最受尊敬、最成功的杂志，转型为管理同性恋者反诋毁联盟这一全球最大的性少数群体媒介宣传组织。每一天，我都要确保别人的故事以同样真实的、恭敬的、美丽的方式被讲述，就像我能够把我的家庭故事分享给世界的那种方式一样。我以身作则，现在既在塑造着，又在期待着那些能够改变社会的多样化的、鼓舞人心的故事。你努力建设什么样的社会，你就会得到什么样的社会，所以，请确保你所追求的是一个你可以引以为傲的社会。

考特尼·史密斯

芬迪公司私人客户关系和项目部副总裁

社群是我生活中各个方面的基石，也是我和女儿共同创造的生活的基石。我发现它是每天驱动我做决定的核心价值。我努力让我的女儿明白家庭和由我们所选择的我们身边的朋友组成的社群（家人有时并不生活在我们身边）的意义。

我非常幸运，在我的生活中有很多了不起的女人，她们每天都在激励着我。我一直相信，对她们每个人来说，最好的礼物莫过于将她们彼此联系起来。能够创造一个真实的、相互支持的、赋权的社群来感谢这些杰出的女性，并且在这个过程中见证绝妙想法的碰撞和女人的心心相印，这一切弥足珍贵。社群的力量是无价的。

最强大的女人是你

当我签了卖书的合同后，出版商问我：“你多快能写完它？”我愣了一下。这是我第一次当作家，我有 3 个孩子（当时最小的只有 8 个月大），1 份全职工作，晚上还要做第二份工作……

“你需要我多快完成它呢？”

写这部分内容的时候，我正坐在飞往圣地亚哥去主持拍卖的飞机上，我将在那里待上 20 个小时，这样我就能赶上明天的早班飞机回家哄孩子们睡觉了。

我今天早上 4 点就起床了，早上 5 点就给女儿喂了奶，一边在心里列举出一直在增多的待办事项，一边叫了一辆出租车。早上 7 点，我已经在肯尼迪机场排队买了一大杯脱脂拿铁。

我应该累坏了。

而我此时却十分得意。

我克服了一个似乎无法被克服的困难。

在我的人生路线图上，一个重要人生目标旁边的方框被我打了钩。

虽然这本书的每一个字都是我写的，但是这背后所需要的能量和鼓励来自我身边的人。每一次早餐、午餐、晚餐、鸡尾酒会、散步、跑步，以及与家人、朋友和我生命中那些不可思议的女性在一起的时光，都给了我能量和灵感。多年没联系的朋友、多年前共事的同事，还有那些我几乎不认识的人，他们在我人生路上的每一步都给予了我鼓励和安慰。当我在社交媒体上发布我签了卖书合同的消息时，我就知道我能把它写出来。我必须写出来，没有其他选择。我身边的人决不会让我失败。

当我回想起我在纽约的那段最初的经历，想到那个 21 岁的女生拖着一个手提箱踏上通往新生活和新未来的楼梯时，我对那些让我成长的考验和磨难充满了感激之情。我在写这本书的过程中回顾的每一个人生时刻都证实了我已经知道的一件事情：要成为最强大的女人需要努力、奉献，以及要有把目标定得越来越高的野心。我们不能独自做这件事，我们也不应该希望自己独自做这件事。有太多的人因为选择墨守成规而让生活与他们擦肩而过，或者根本不确定自己的下一步要做什么。你要利用你的远见和领导力，并且要一直发挥这些能力。最强大的女人知道如何控制观众，如何推销自己走向成功——她希望在自己和周围人的生活中看到的成功——的方法。

我想让这本书的最后一页成为你的新旅程的开始——一段你知道你可以得到任何你在生活中下定决心要得到的东西的旅程的开始。

正如我在这本书开头说的那样，最强大的女人是我。

但是现在，最强大的女人是你。

致谢

我生命中最好的礼物就是家人和朋友，他们组成了我全部的世界。如果没有他们的爱和支持，这本书是不可能完成的。

我要从我生命开始的地方开始表示感谢。爸爸、妈妈，谢谢你们给了我生命。在每一段童年的记忆中，我总能看到你们的面孔，你们给予我支持、鼓励、建议、拥抱和亲吻。从山猫足球比赛到排球比赛，从芭蕾舞表演到拍卖，你们总是排在最前面、最中间，最大声地为我欢呼。你们的爱和兴趣造就了今天的我。

妈妈，你对旅行、冒险、时尚的热爱和你令人难以置信的人际交往能力让我明白，如果我们愿意尝试新的可能性，那么我们的生活就能变得非常精彩。

爸爸，你对阅读、交谈和人际交往的热爱，教会了我要活得充满好奇心，要做一个终身学习者。你和妈妈一起教会了我人生中最重要的一课：永不放弃。

感谢如此优秀的你们能成为我的父母，以及我的3个孩子比阿特丽斯、亨利和埃洛伊丝的了不起的外祖父母。

我非常爱你们。

感谢我的丈夫克里斯，在我人生漫漫长路的每一步你都会给我鼓励：在我夜里写作的时候为我做饭；当我完成作品草稿时给我买来鲜花；每当我有了灵感需要一个安静的时刻来创作时，你会迅速带着孩子们出去玩。谢谢你给了我完成这本书所需要的时间和支持。我爱你。

比阿特丽斯、亨利、埃洛伊丝，我对你们的爱胜过千言万语。从我见到你们的那一刻起，我就爱上了你们每一个人。我在这本书的写作过程中最美好的回忆都与你们有关：比阿特丽斯在沙发上蜷缩在我旁边写她的书；亨利知道他应该离我远一点儿，这样我就可以写作，但他仍会忍不住反复跑进屋来吻我；埃洛伊丝每隔几分钟就会跑到房间门口偷偷探个头进来，露出可爱的小脸蛋，叫上一声“妈妈”。虽然你们每个人嘴里的“妈妈”这个词都不一样，但是它真的是最伟大的一个词。我愿意用我的余生来宠爱你们。我希望你们都能成长为坚强、聪明、善良的人，在你们成长的每一步，我都会支持你们。

当我看着我的孩子们时，我看到了我的兄弟姐妹的影子。我真的是世界上最幸运的妹妹和姐姐，我有3个坚强、独立、滑稽、迷人、有趣的兄弟姐妹。查尔斯，你一直都是一个善良而体贴的哥哥。谢谢你一直照顾我，并且在我的人生中一直给我支持。安德鲁，你一直都是一个强壮的、聪明的、有天赋的弟弟。看到你在你的事业、体育运动和你的朋友关系上都表现得很出色，我真的很高兴，你真是太棒了。希拉里，你是我今生最好的妹妹，是我的孩子们了不起的小姨，是我的知心朋友，也是我认识的最有趣的人之一。我最喜欢做的事就是当你笑的时候坐在你旁边。感谢你即使是在我很明显已经成功了的情况下，也从未放弃鞭策我；你告诉我，即使我成功了，我可能依然需要再努力一点儿。我爱你们。

感谢史蒂夫和贝丝，谢谢你们对我极大的爱和慷慨。谢谢你们像对待自己的孩子一样对待我，爱我的孩子，并为我们的家庭提供巨大的支持。我的生命中有你们是我的福气。凯特琳，感谢你，你是一位好嫂子。苏·加维，你真的很细致、周到又善良。

我的童年记忆中充满了许多次美好的英国乡村之旅和英国伦敦之行。感谢我幽默的叔叔、阿姨们，苏、玛丽、朱莉娅、大安德鲁和比恩，你们做的烤饼、凝脂奶油和草莓酱永远都是我的心头好。我在英国的表兄弟姐妹，斯图尔特、艾丽斯、艾米丽、奥利弗、伯蒂、本和雨果，我也同样爱你们。

在人生的任何时候，你都可以认识新的朋友，但是我认识时间最久的朋友是科琳。科琳，你总是可以看到每个人身上积极的一面，这让你如此与众不同。能在你的友谊、善良的灵魂和无限耐心的陪伴下成长，我真的算是世界上最幸运的女人了。

感谢玛丽·露西尔。你是我遇到的唯一一个和我有着同样大的野心的人。今年是属于我们的一年，或许每一年都是属于我们的。我很幸运有你这样一个朋友，你在我每一次或起或落的时候都给予了我坚定的支持。如果没有你的友谊、指导和支持，这本书无论如何都不会完成。我迫不及待地开始期待我们的下一次冒险了。

当我驱车上山，穿过西沃恩南方大学的校门时，我真的想不到我在那 4 年中建立的友谊将会成为我一生中最不可思议的友谊。丽娜，从最初我们在戈加斯的那间挂着壁毯的房间度过的那几天，到我们一路跑到克罗斯城的那个午夜，再到安提瓜的罗经点，你的友谊是我生命中如此珍贵的一份礼物。奥伯恩，谢谢你让我感觉旧金山的商务旅行就像参观我的第二个家一样，谢谢你为我提供免费的化妆课程，谢谢你成为一个女孩所希望拥有的最好的旅行伙伴，我迫不及待想去印度了。萨拉，我的日光浴小伙伴，期待我们以后有更多的机会可以在博卡格兰德的海滩上享受美酒。斯科蒂，和我同年同月同日生的像双胞胎一样的朋友，时间在我们之间从来不会流逝，谢谢你让我做弗林的教母，谢谢你这么多年来给予我的爱和友谊。布鲁克西，从我们在米尔斯特德初次见面，到西沃恩南方大学，再到纽约，你总能给我带来惊喜，我将永远珍视我们之间的友谊。杰米，感谢你总是准备着能播放数小时的排行榜前 40 名的热门歌曲，也感谢你为我安排的令我永远难忘的（也永远无法被复制的）与凯尔·钱德勒共进晚餐的机会。凯瑟琳，谢谢你多年来用你的古灵精怪和你的故事给我带来欢笑。基蒂和珍妮，你们是怎么做到看起来仍然和我们刚进入大学时一样的呢？和你们在一起的时候时间总是过得太快了。利巴，谢谢你对我的大力支持。

我仍然记得，我小时候负责照顾我的保姆塞勒斯小姐那双柔软的手，她每天都会给我们讲《圣经》里的诗篇，并且总是提醒我，真正的美是内在的。塞勒斯小姐，我知道你在天堂守护着我。

我很庆幸在我自己的家里也有这样一个支持我的后盾，那就是雷亚·马拉塞根。我的孩子们是如此幸运，在他们的生命中有你爱的身影。谢谢你像爱自己的孩子一样爱我的孩子。

很难相信，就在5年前，我和贾森·温伯格、乌玛·瑟曼、加布丽埃勒·卡赫曼同坐一桌，我坐在他们的对面，讨论“如何利用我的才能”这个问题。谢谢你们三个跟我一起吃了一顿美味的早餐，与你们的那次交谈给了我写这本书的信心。

我要向基斯·福克斯致以诚挚的谢意，他把自己工作中的伙伴介绍给了我，帮助我理解写一本书需要什么，并在我写书的过程中一直支持我。我期待在未来的日子里有更多的早餐会谈。

下面要感谢的是梅格，一位杰出的代理人。感谢你信任我，支持我，并将这本书的计划书交给西蒙＆舒斯特公司优秀的团队。你的诚实和智慧让我有信心发现自己的声音，写下这本书。那这些是如何在一年内实现的呢？这要大力感谢编辑辛迪·乌赫敏锐的眼光，她是一位才华横溢的代理人，而且我在她身上看到了一种啦啦队那样的鼓舞人的精神。感谢你们的智慧和全程对我坚定不移的支持。

但是我们还需要一个能看到某本书潜力的人，一个想要把书制作成畅销书的人。（我不是在施加压力！）卡拉·贝迪克，我该怎么感谢你那富有天赋的直觉呢？谢谢你在编辑这本书的整个过程中给予我的极大关照。这是一本我将永远骄傲地去读的书。你是一位了不起的编辑，也是一个了不起的女人。

感谢苏珊、塔拉、梅雷迪斯、志田，以及试金石团队其他了不起的成员。我第一次与你们见面就被你们征服了。虽然在未来我们有各自的路要走，但是我永远不会忘记你们在我写作生涯中的地位。感谢珍、卡林和画廊团队，你们理解我对这本书的愿景，并帮助我完成了它。感谢你们所有人从我们第一次见面时就给予我大力的支持和惊人的灵感。我们之后还要继续合作！

西蒙 & 舒斯特公司，与你合作是我 20 年来的梦想，非常荣幸能在贵公司出版我的第一本书。

感谢梅甘·索尔特，你是我团队里的亮点。我很骄傲能成为你的朋友及第一批 DSRC[①] 客户。我该怎么报答你给我的中肯建议和你对我表现的出色的职业操守呢？朱莉娅·鲁特纳、苏尼尔·德赛、丹尼尔·加贝，我的团队里有你们，让我感到自己很幸运。为了这本书的问世，你们都不辞辛劳地工作。对你们给出的建议和指导，我感激不尽。

在过去的 20 年里，我一直在位于洛克菲勒广场的佳士得拍卖

① DSRC，全称 Dedicated Short Range Communications，即专用短程通信技术，专门用于机动车辆在高速公路等收费点实现不停车自动收费的技术。——编者注

行工作，我的周围都是世界上最优秀、最聪明的人。

在无数要感谢的人里，我还要感谢的是玛丽·莉比。在1998年，她几乎每天都会接到我的电话，并最终给了我一个此生最重要的机会。

在这么年轻的时候进入一家公司，你所在部门的管理者的智慧和领导能力将会为你今后的管理风格定下基调。劳伦·肖特，你是一个让人敬佩的榜样，最重要的是，你是我的朋友。工作中只要有机会，你都会让我参与进来，甚至在周末也能让我参与你的项目。谢谢你的好意。我在最开始工作的那几年，作为一名最快乐的实习生，与珍·凯淳、妮科尔·加伍德、纳萨莉·卡普兰和罗伯特·斯温格尔一起工作到深夜；后来我在特殊项目部获得第一份工作，在这里我遇见了我在佳士得也是在纽约的第一批朋友——林赛·罗杰斯、莫妮卡·奥伊利茨和艾利森·科默，日子过得越来越有趣。维斯·韦德尔，我从你身上学到的东西远比你知道的多，你是一个特别有个性的人。

摩根·塔珀和玛吉·博尔纳，与你们共同经历的运营项目部的疯狂而紧张的日子，将永远是我在佳士得最爱的时光。即使在办公室工作了12个小时，到晚上我们也仍然不想离开彼此。我愿意在一周中的每一天都和你们一起愉快地度过12个小时。我们在员工派对上的那些胡言乱语简直是个传奇。谢谢你们这么多年来和我一起游泳、长谈，也感谢你们给予我的忠诚的友谊。

我的每一个团队，以及之后大家相处的每一年都带来了精彩的回忆。阿德里安娜·阿切尔、简·沙尔、苏·波伦、肯德尔·莫尔、西德尼·拉隆德、卡罗琳·斯潘塞、克里斯蒂娜·斯塔尔、杰斯·巴卡、安妮·普伦特涅克斯、妮可·尤尔特、丽贝卡·巴登、卡特里娜·雅普，谢谢你们把办公室变成一个让人感觉像家的地方。

我怎么会忘记我的老板呢？他更像是我工作上的伴侣，乔治·麦克尼利，他在我工作的头几年里一直在为我寻找我的王子。你是我最好的舞伴，我婚礼上最好的敬酒人，最好的工作伴侣。我们去巴西的旅行是我一生中最棒的旅行之一。

感谢与我一同旅行的伙伴玛丽安娜·沃尔，她的笑声震耳欲聋，我把她当成我的另一个妹妹。希望你的护照盖满世界各地的章。你是一名非凡的女性，谢谢你这么多年来一直坚定地支持我。

感谢劳伦·兰德，感谢你令人捧腹的幽默感，感谢你直言不讳的能力，感谢你不屈不挠的精神。我为你取得的每一项成就感到骄傲，为你成为一个了不起的女人感到骄傲。

感谢托比，你教会了我永远不要怕犯错，只管大胆前行。你追求自己认为正确的事情的能力非常振奋人心。和你一起创建“绿色拍卖”是我的职业生涯中最有压力也最有收获的一段时间。特别感谢哈兰，你一直是我的低价竞拍者。

感谢埃米·韦克斯勒，感谢你做的一切。你的明智的建议，你的深思熟虑，你的“虎妈”风格给我留下了深刻的印象。广阔天地任你驰骋，我希望你知道，我会在你进步的路上一直支持你。

感谢佳士得大家庭里其他的成员：马克·波特、斯蒂芬·拉希、乔纳森·伦德尔、珍·扎托尔斯基、玛丽亚·洛斯、珍·霍尔、希瑟·巴恩哈特、埃拉诺·诺提兹、卡佩拉·瑞安、莉迪娅·金博尔、斯泰西·塞耶、玛丽萨·威尔科克斯、朱莉·金、谢里·法伯、卡罗琳·萨扬、珍·赖特、塔什·佩林、邦尼·布伦南、卡伦·格雷、埃琳·麦克安德鲁、萨拉·福克斯、贝卡·里格尔豪普特、小百合·嘉尼宝拉、洛利塔·佩尔绍德、马西娅·戴维斯、史蒂夫·齐克、凯茜·布施、露西·坎贝尔、亚历克斯·里德、萨拉·弗里德兰德、亚历克西斯·克莱因、海伦·考瑟、莉莉·罗比切克、迈克尔·穆尔、约翰·海斯、乔迪·威尔基、维尔吉利奥·加尔萨、玛戈·罗森贝格、布利斯·萨默斯、卡特·曼森、洛拉·马丁斯、亚历山德拉·贾弗雷、罗比·戈迪、克里斯廷·科利赫、杰茜卡·卡茨、凯西·寇牟、本内特·杰克逊、阿里安娜·萨维奇、克里斯托弗·伯奇和史蒂夫·赖特森。我和你们中的许多人一起成长，如今你们已经伴我在佳士得团队工作了生命中一半的时间。你们做的每一件事都让我感到敬畏和受到鼓舞。我很自豪能称呼你们为同事和朋友。

莱克茜、莉莉、苏斯、亚历克西、克劳迪娅，我无法用言语来感谢你们在这本书的创作过程中一直给予我的支持和鼓励。无论我处于创作的高潮还是低谷，在我创作的每一步，你们都时刻准备好给我很棒的建议和积极的态度，愿意进行头脑风暴帮我出主意，或者做我的倾听者。能够每天和你们一起工作，我真的感觉自己是世界上最幸运的女人。欢迎到我们部门来，波普伊！从你出生的那一刻起，我们就一直爱着你。

感谢我在慈善拍卖界的同事，在别人都下班离开办公室后，你们仍在利用业余时间为非营利组织筹款，你们的奉献精神令人敬佩。请继续震撼整个舞台吧！

感谢我在纽约的朋友们，在过去20年里，你们已经成为我的家人。

也感谢我的朋友们，你们跟我的家人一样。

亚历克斯·巴克利，我们在阿默甘西特的长滩散步过程中相识，之后在圣安东的滑雪场上相遇，从而建立了友谊。感谢你充满智慧的话语，感谢你的友谊，感谢你愿意在任何我需要的时候跟我深入探讨任何话题。特别感谢你介绍我认识才华横溢的杰玛·伯吉斯，她的建议和在英语方面的造诣帮助我为这本书起了个响亮的名字。

考特尼·史密斯，你和我一起发起了我们的“早餐会运动”。我对你的敬仰之情与日俱增。你在为世界贡献自己的力量，我很骄傲能成为你的朋友。

凯特·舍尔特，我们在科德角吃“七大洋冰激凌”的过程中，你明确告诉我一定要写这本书。你的真诚令人惊讶。我会永远记住你的话。我迫不及待地想看到你在未来几年达到的新高度。

我在和克里斯结婚的时候收到的最好的礼物是来自4C公寓的友谊。海迪·艾伦，我钦佩你的力量、决心和你对自己的信仰和家庭坚定不移的承诺。我永远不会忘记我们在海角的谈话。这本书是写给那些不管别人怎么说，都能成为自己梦想中的样子的那些女孩的。杰夫·艾伦，对我来说，你是我的另一个兄弟，也是我认识的唯一一个和我一样爱说话的人。我的生活中有你们两个真是太幸运了。我还要感谢 4C 家族另外的一些成员。埃琳·福克，这本书的前言是今年夏天我们上完动感单车课后，我在你的车里写的，谢谢你陪我一起在汉布林池塘里游泳。罗布·福克，谢谢你在我们的谈话中表现出的坦率，以及你非常棒的商业建议。安德鲁·韦塞尔和克里斯廷·韦塞尔，即使你们不在 4C 公寓住了，你们也永远是大家庭的一分子。安德鲁，谢谢你让我明白在与人谈判时是不该有任何顾虑的。克莉丝廷，我期待着以后能再跟你一起到湖上去旅行。

感谢达伦·麦克唐纳和萨拉·麦克唐纳，你们是我在纽约所能期待的最好的邻居和朋友。感谢你们让我们的孩子去你们家（或者对孩子来说，那才是他们的家？）玩，感谢你们愿意随时与我们交谈、给我们提建议或一起喝杯酒。

感谢特里贝卡妈妈团，你们让我知道原来孩子的幼儿园时光对母亲来说也可以如此有趣，我爱你们每一个人。小 K（卡琳娜·赫弗）、特蕾泽·伦德奎斯特、亚历克斯·弗兰克尔、林赛·戈德法登，你们使接送孩子的时间成为我的孩子在华盛顿市场幼儿园那几年我最美好的时光。你们是如此了不起的女人，真正的朋友，你们创造了很多史诗般的纽约之夜。如果我能像我在小 K 照亮了埃尔图肯的舞台那晚那样开怀大笑，我的人生就完整了。我期待在未来的日子里有更多这样的夜晚。

我还要感谢我在纽约城外的朋友们。凯特琳·戴维斯和米克·戴维斯，感谢你们给予我这么多的欢笑、神奇的故事、美酒和多年来的友谊。阿什利·斯塔茨和达文·斯塔茨夫妇的三道菜大餐，让周末的出游看起来更像是住酒店，而不是出城的短途旅行。阿什利，谢谢你和我长谈，和我一起不间断地锻炼，并给我提供可靠的建议，正是这些建议的内容造就了今天的你。

感谢在过去的20年里，我开始了解并爱上的许多了不起的女性。我把你们当成纽约人看待，要么是因为我们在这里相遇，要么就是因为你们在我心里具备纽约人的特质：塞娜·杰克逊、萨拉·吉尔班、蒂芬·耶恩斯泰特、斯隆·奥维尔斯特鲁姆、摩根·哈钦森、贝丝·麦卡恩、克里斯廷·亨德森、布鲁克·兰普蕾、丹妮尔·斯奈德、乔迪·斯奈德、珍妮·罗滕伯格、埃琳·戴尔森纳、卡米拉·安德森、琼·派蕾、亚历克斯·马尔登、艾利森·奥尼尔、惠特尼·瓦尔加斯、希拉里·尼夫、杰基·西曼、凯蒂·雷德福、埃米·帕斯夸列洛、玛吉·史密斯、蕾切尔·鲁斯卡·麦克弗森、艾默里·麦克安德鲁、劳伦·西尔弗曼、詹娜·黑格、安纳莉丝·温特斯、科拉莉·夏利豪·保罗、杰基·迪米特里、珍妮·弗奥霍夫、凯瑟琳·朱拉希奇、格雷斯·乍、埃米·哈克利施、伯金·奥莫里、布鲁克·菲什、梅根·罗杰斯、菲比·波尔克。

感谢我的代理人小妹妹阿什莉·威尼托斯，感谢她不可思议的、具有超越自己年龄的智慧的建议，感谢她善良的心，感谢她一直是希拉里和芬内特一家的好朋友。

特别感谢我生命中那些看起来更像兄弟而不是朋友的人：安德鲁·韦塞尔、杰米·迪米特里、约翰·麦卡恩、格罗夫·斯塔福德、约翰·赫弗斯、杰夫·戈德法登、亨里克·伦德奎斯特、布朗森·范·怀克、乔希·伍德、布里特·罗杰斯和格兰特·弗兰克尔。布赖恩·哈克利施，谢谢你拍了这么棒的照片，感谢你让我骑你的电动滑板车，尽管在CBD（中央商务区）上班的人看到了都嘲笑我。

非常感谢所有为本书贡献故事和建议的杰出女性的富有智慧的话语。你们是那些明日之星的榜样。没有什么话能表达我对你们的感激之情：霍利·邓拉普、梅根·奥利里、米娅·康、玛莎·斯图尔特、杰玛·伯吉斯、凯特·哈宾·克拉默、诺瑞亚·莫拉莱斯、芭芭拉·科科伦、德博拉·罗伯茨、玛丽·艾丽斯·斯蒂芬森、迪·波库、亚历山德拉·里本萨、阿什利·迈尔斯、蒂芬·耶恩斯泰特、朱莉娅·泰勒·奇克、亚历山德拉·威尔克斯·威尔逊、劳伦·布罗迪、克丽斯滕·莫里西·蒂德、米纳·哈里斯、卡伦·斯潘塞、摩根·哈钦森、埃米莉·鲁宾费尔德、凯瑟琳·埃尔南德斯－布莱兹、尼娜·加西亚、琳达·格雷罗、亚历山德拉·巴克利·沃里斯、玛丽·朱利亚尼、贝蒂娜·普伦蒂斯、萨拉·凯特·埃利斯、考特尼·史密斯、凯特·舍尔特和沙恩·贝洛克。我非常感激你们煞费苦心地为本书提供建议。我知道读者会和我一样从你们的经验中受益。我从心底里感谢你们。

爸爸、爷爷、奶奶，谢谢你们在天堂守护着我。

最后我要说的是，妈妈，虽然你不会去读这本书，但是我希望你知道你教会了我做一个女强人意味着什么。我将永远记得你在星期天做完礼拜后开着凯迪拉克带我去乡村俱乐部的那段日子。你永远和我在一起。